Reverse
逆转思维
Thinking.

姚 颖 编著

辽海出版社

图书在版编目（CIP）数据

逆转思维/姚颖编著.—沈阳：辽海出版社，2017.10
ISBN 978-7-5451-4434-5

Ⅰ.①逆… Ⅱ.①姚… Ⅲ.①思维方法—通俗读物 Ⅳ.① B804-49

中国版本图书馆 CIP 数据核字（2017）第 249652 号

逆转思维

责任编辑：柳海松
责任校对：顾　季
装帧设计：廖　海
开　　本：630mm × 910mm
印　　张：14
字　　数：141 千字
出版时间：2018 年 5 月第 1 版
印刷时间：2019 年 10 月第 3 次印刷

出版者：辽海出版社
印刷者：北京一鑫印务有限责任公司

ISBN 978-7-5451-4434-5　　　　定　价：68.00 元
版权所有　翻印必究

序言

对于个人的成功而言，最可怕的就是"不思维"，也就是我们常说的惯性思维。人是习惯的产物，习惯用常用的方式思考，习惯用常用的行为方式做事。久而久之，就会限制自主思维能力，形成思维定式，干工作、想事情时就会自觉不自觉地遵循固有的套路。

有个摄影师连续几天到海边拍照片，他观察到有个老渔夫每天都会费力地捕获满满一网鱼。令他费解的是，老渔夫将一网活蹦乱跳的鱼拖到岸上之后，总是把其中的大鱼扔回海里，只带走一些很小的鱼。一天，摄影师禁不住走到老渔夫跟前问道："您为什么每次都把好不容易捕获的大鱼放生啊？要是发善心，也应该将小鱼扔回海里呀？"老渔夫回答的话着实将摄影师"雷"得不轻，他说："这有什么奇怪的？因为我家的锅太小了，大个的鱼根本没法下锅，所以我才把大鱼都扔回海里。"摄影师马上说："你们可以换一口大点儿的锅啊？"老渔夫惊讶地说："怎么可能呢？我们家的锅和灶是配套的，灶只有那么大，锅太大了怎么做饭啊？"摄影师又说："那就重新垒一个灶，再换一口大锅。这样每天都能吃到大鱼了。"

逆转思维

老渔夫噘着嘴说:"我可不能这么做。这灶和锅都是我爷爷留下来的,跟你说吧,要是拆了这个灶,我都不知道怎么垒出一个新的来呢!即使有人帮我换了锅灶,我也不知道如何用这套新东西做饭,因为我爸爸当年没告诉我!"

在你的生活中,有没有这样的"锅灶"呢?它或许是常识,或许是固有思维,或许是他人的看法,或许是自己的胆怯。你不敢轻易换掉它,你怕找不到比它更合适的,担心自己到时候连饭都吃不上。你是否想过,是什么让自己变得越来越平庸?是什么扼杀了你的想象力、创造力?是什么使得你的生活如此的苍白、琐碎和贫乏?

从根本上说,正是如老渔夫那样的"不思维"导致了你的平庸。或许你也曾经期望过自己与众不同,你也有过缤纷绚丽的梦想以及各种创业赚钱的想法。可是,慢慢地,你的激情被磨灭,不断地被教育、被教化。有句话说得好:"每个人出生时都是原创的,可长大后都成了山寨版。"

想想看,现在的你是不是只看到人家怎么干、前人怎么做、行业的游戏规则等,而迷失了自己的套路和招数?如给你一张纸,你会想到什么?写字、画画?也许除了这些,你很难再想到其他用途。由此,我们可以看到习惯性的思维很容易使人头脑僵化。

电视剧《地下交通站》里有这样一个镜头:地下党派来的医生不停地让黑藤说"老鼠、老鼠、老鼠",然后冷不丁地问"猫最怕什么",黑藤自然不假思索地回答"老鼠",让人忍俊不禁。

看来，习惯成自然，"不思维"一旦成了常态是相当可怕的！

"不思维"的人最爱走直线，然而生活并非几何学，两点之间最短的距离未必是直线。所以，懂得转变思维很重要，为此，我们提倡逆转思维。逆转思维与一般思维方向相反，是对事物进行对立、颠倒、反面、逆转等多角度思考，打破原有的思维方式，把事物的状态和特性推到反面或极限，以寻找事物中的新视点，"反其道而思之"，使思维呈现多面化，最终有利于高效解决问题。

曾看过这样一道趣味题：

有四个相同的瓶子，怎样摆放才能使其中任意两个瓶口的距离都相等呢？可能我们琢磨了很久也难以找到答案。那么用什么方法可以解决这个难题呢？原来，把三个瓶子分别放在正三角锥下面的三个顶点上，将第四个瓶子倒过来放在正三角锥的第四个顶点上，答案就出来了。把第四个瓶子"倒过来"，多么形象的逆思维啊！

有些事物的本质往往与其表象相反，即使表里如一，为求兵行诡道、出人意料或创新，也需要从反方向思考或寻求方法。在有心人眼里，逆转思维可以构成核心竞争力。马云有句口头禅："倒立看世界，一切皆有可能。"而在牛根生看来，"不管螺钉怎么设计，正向拧不开的时候，反向必定拧得开。山重水复，此路不通的时候，换换位、换换心、换换向，往往豁然开朗，柳暗花明。"而知名公司惠普对其员工强调的职业理念是："做一条反方向游的鱼。"我们想要成功，只盯住某一个方向前进是不行的，

逆转思维

有时不妨回头看看，换一个角度，兴许就能化劣势为优势，如此，离成功也就不远了。逆思维虽不是万能钥匙，但能时常带给我们惊喜，善用它的人，会在处处有异于常人的领悟。

著名哲学家康德生前给自己写下这样一句碑文："重要的不是给予思想，而是给予思维。"打破惯性思维，学会逆思倒想，你定会摆脱平庸，创造奇迹！

第一篇 成功的门,用任何方式都可以打开

凡事都有对立面,你看哪面……………………………… 2

熟知并非真知………………………………………………… 5

360 度思考,思路就会越来越宽…………………………… 8

倒过来试试,答案可能就出来了…………………………… 11

只有错误才会让你继续进步………………………………… 15

学问,就是学习问问题……………………………………… 18

最危险的地方还是一样危险………………………………… 22

"在此之后"不等于"由此之故"………………………… 26

颠倒顺序——田忌赛马的启示……………………………… 29

越禁止,人们尝试的欲望越强烈…………………………… 33

第二篇 逆着看逆境,一切皆有希望

将缺点逆用,变为可利用的东西…………………………… 38

倒过来想想,挫折也许正是礼物…………………………… 41

另一只眼看逆境……………………………………………… 44

胜无常胜，而败也并非永远………………………………… 47

把成功当定局，你离失败就不远了………………………… 50

敌人不在外部，而是你熟悉的自己………………………… 53

将自卑化为动力——我自卑，我努力……………………… 57

方向错了，走得越远就错得越深…………………………… 61

没有不委曲的生活…………………………………………… 64

已经坚持了这么久，不怕再试一次………………………… 68

失去的其实从未真正属于你………………………………… 72

把对手当作激励你进步的"小伙伴"……………………… 74

第三篇　由彼观彼，而不是由己观彼

用他人的视角看待问题……………………………………… 80

多为他人着想，少生事端…………………………………… 83

做个"八面玲珑"的人不是坏事…………………………… 86

若人人只图自保，世界将变得怎样………………………… 90

你待人冷漠如冰，别人如何待你热情如火………………… 93

晴天留人情，雨天好借伞…………………………………… 96

与人交往，"人情牌"打不得……………………………… 99

树怕剥皮，人怕激将………………………………………… 102

你不愿意做的事，别人也不愿意做……………………… 105

人们通常都是被自己说服的……………………………… 108

有缺点的人才更容易被人接受…………………………… 111

相信人性本善，别总把人往坏处想……………………… 114

第四篇　职场求存，有些事不是你想的那样

最大的罪过是你比其他人"聪明"………………………… 120

不怕被"利用"，就怕你没用……………………………… 122

下属也能够"倒行逆施"管上司…………………………… 125

没有抱怨的职场，不是真实的职场……………………… 127

努力很重要，借力更重要………………………………… 131

工作并不是一切，不要把职场当成战场………………… 135

和尚撞钟，谁说是得过且过……………………………… 138

心地清净方为道，退步原来是向前……………………… 141

别迷茫，也别教条………………………………………… 145

第五篇　生意好不好，不在努力在思路

做特色鲜明的"那一个"，不做几乎相同的"那一些"… 150

不要让规则左右我们的心理习惯………………………… 154

当99%的人看多时，市场就可能见顶 …………………… 158

所谓机会，就是去尝试新的、没做过的事……………… 161

填补市场空白，将缺点转化为卖点……………………… 164

打破常规的道路通向智慧宫殿……………………………… 167

小钱是大钱的"祖宗"…………………………………… 171

只有放错的垃圾，没有寻不见的财富…………………… 174

不在乎等价交换，只在乎各取所需……………………… 176

对抗不如对话，竞争不如"竞合"……………………… 179

别人怕露怯，我却积极寻找不足………………………… 183

第六篇　买和卖，就是一场心理博弈战

说出缺点，迎接你的不一定是刀枪棍棒…………………… 188

越是标明不准偷看，人们越是想看个明白………………… 191

限量版真的是为了限量吗…………………………………… 194

"量大从优"和"量小易卖"你选哪招…………………… 198

越是难以得到的东西，越希望得到它……………………… 200

会用极具诱惑又略有"威胁"的宣传手段………………… 203

不与客户争辩，引导客户说"是"………………………… 206

有点创意，别把自己混在人堆儿里………………………… 209

主动让步也能够给对方造成压力…………………………… 212

第一篇

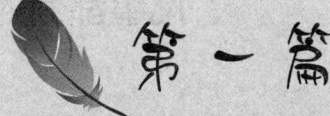

成功的门,用任何方式都可以打开

大多数人习惯于正向思考,仅按事物发展的客观顺序去推理分析,很少站在事情的对立面,打破常规求异逆想,唯恐被视为"异类""叛逆者",结果徘徊在一道看不见的陈旧观念、僵化思维的"墙"面前,虽百思却仍不得其解。其实,成功是一扇门,它并不在乎你用什么方式去打开它,如果懂得调整思维方向,让大脑和心理来个180度大转弯,说不定那扇门就开了。

凡事都有对立面，你看哪面

你知道中国律师的鼻祖是谁吗？他叫邓析，是春秋战国人。此人一生以教人诉讼和帮助别人打官司为职业，可谓中国历史上第一位"大律师"。关于他有这样一个事例：

一年夏天，洪水泛滥，一富人不幸被淹死，尸体被某人捞起。死者家属闻讯赶来，想出钱赎回尸体，对方却挟尸要价，价钱高得离谱。死者家属让邓析帮忙。邓析说："你放心等着吧。那遗体如果你不去买，别人一定不会买的。"死者家属一听有道理，就回去耐心等待了。过了一段时间，得尸者见死者家属不着急赎尸，而尸体已经开始腐烂了，情急之下也去找邓析。邓析说："你把心放到肚子里吧，死者家属只能来你这里买尸体。"得尸者觉得在理，就高高兴兴地回去了。

故事的结局虽不得而知，但可以预见，如果死者家属和得尸者都遵从邓析的意见一直等下去，结果只能是"两败俱伤"——家属得不到尸体而伤心，得尸者得不到钱而伤财。当然，在这里邓析被认为是反面教材，我们并不提倡你效仿他。但邓析观察、分析问题的思维方式值得你借鉴。

在上例中，邓析用逆思维心理，在客观事物发展变化的矛盾中，既看到了事物矛盾对立的一面，又看到了事物发展统一的一面；既看到了积极的一面，又看到了消极的一面。若是死者家属和得尸者也知道这个方法，看到自己的利弊，能平心静气地谈谈，都退让一步，问题便可圆满解决。

世间万物，其对立面都是一种客观存在，只有相对，没有绝对。早在几千年前，中国《易经》八卦的阴阳理论就阐明了宇宙间一切事物的对立性。伟大的科学家爱因斯坦也发表了物质相对论。我们也常说，"河有两岸，事有两面"，没有高山显不出洼地。有有就有无，有天就有地，有甜就有苦，有黑就有白，有正就有邪，只不过它们具有或隐或显、或大或小、或强或弱的区分罢了。

但是，我们经常以"比较"的态度来看待"世界"，而且往往还只想保有自己喜欢的一面，这就是我们的通病。如果你从相对立的角度出发思考问题，你的思想就会暂时处于一个不定的状态，然后发展到一个新的水平。这种思想的"悬念"使思考能力之上的智力活跃起来，并开创出一种新的思维方式——逆思维。

比如，如何防止森林大火呢？你可能会列举出无数的方法，但皆是从如何防范的角度出发的。而美国专家却想出一个与"防"相反的方法——以放火来防火。他们发现，低矮的灌木以及丛生的杂草占满了林中空隙，极易引发火灾，一旦出现火警，通道被堵塞，火势蔓延极其迅速。为此，他们实施有计划的人工放火，让灌木杂草在控制下燃烧，这样可烧出一条人工通道使林中空气流通，亦可在失火救援时更方便一些。

这就是反常规之道而行，别人想防火，他们则放火，却取得了更好的防范效果。

还有一个与火有关的故事：

草原上突然大火冲天，游客们被困在其中，惊慌失措。一个猎人说："大家别慌，都听我的！"他让大家动手拔草，清出一片小空地来。一会儿工夫，他们就清出了一片空地。这时大火越来越近，猎人让大家站到空地的一边，自己则站在火来的一边，点燃一根火柴放在眼前的干草上，大火腾空而起。

奇迹发生了，猎人点燃的火并没有顺着风势烧过来，而是迎着那边的火燃过去。两堆火碰到一起时，火势骤然减弱，最后渐渐熄灭了。

游客们脱离险境后纷纷请教猎人原因。猎人说："风是向咱们这儿吹的，空地上的气流是向外吹的，借着气流火把草烧完了，大火自然就灭了。"

看到了吧，对立面并非真的不相容，有时还能成为处理问题的最佳方法呢！

西方人有一个很好的关于看待事物的方法，比如在难以做出决定时，会列出所有利弊点，综合考虑之后再做最后的判断。考虑问题总从两方面来考虑，分析完有利的一面，再分析不利的一面，这样做能最大限度地摆脱主观情感的左右和排除外界的干扰。

做任何事都是这样，不要被狭隘的想象力控制，直接去找问题的答案往往找不到最准确的那一个，相反，在它的对立面可能有着最正确的答案。

凡事都有对立面，你看哪面呢？

> 对立面的存在,能够使你明白自己的缺点在哪儿、弱点在哪儿、破绽在哪儿、方向在哪儿。

熟知并非真知

18世纪以前,盛行着一种错误理论——"燃素说",认为可燃物质中存在着"燃素",物体燃烧时,"燃素"以光和热的形式分离出来。燃素学说实际上是很不科学的,可是风行了一百多年。许多著名的化学家如卡尔·威尔海姆·舍勒、亨利·卡文迪许都拥护燃素学说。

1774年,英国科学家约瑟夫·普利斯特列在给氧化汞加热时,偶然发现了一种新的气体,蜡烛在这种气体中燃烧比在空气中燃烧得更旺。这正是氧气。遗憾的是,普利斯特列认为,这种气体根本不含燃素,但因蜡烛大量地释放出燃素,所以烧得更旺。他把这种气体叫作"无燃素空气"。恩格斯谈到这个问题时说,普利斯特列在"真理碰到鼻尖上的时候还是没有得到真理"。

后来,法国化学家拉瓦锡经过多次实验,认识到这种"无燃素空气"正是氧气,于是提出燃烧的氧化学说。这样,人们才得以弄清燃烧的本质。这也说明燃素说是错误的。

类似的情况在现实生活中也不乏其例。有很多常识和"司空见惯"的现象，并不一定是正确的。比如，我们经常听人说，每天饮用八杯水有益健康，于是很多人不管喝下这八杯水有多难受，也坚持去喝。那么，当你喝了这些水感觉煎熬时，你是否回过头来想想，为什么这么难受还要喝下八杯水呢？这常识背后有没有你没深入了解的东西呢？只要你想了，你就会发现，该说法忽视了食物中所含有的水分，只单纯计算了人体需要的水量。日常喝的果汁、牛奶等完全可以满足人体对水分的需要，喝多了水反而对健康不利。

再比如，很多人认为多喝骨头汤可以补钙。事实上，众多的研究表明，骨头汤里并不含有更多的钙，虽然加醋熬制会使骨头汤中的钙有所增加，但仍然较低。

怎么，这些看似正确的小常识，居然是错的？其实并不奇怪。孔子教育我们凡事应"三思而后行"。然而常识往往不在"思"的范围内，因为某些常识已化为人们心中不可动摇的精神权威，获得了不受思维审视的"豁免权"。当你看习惯了，习以为常了，就形成了一种思维定式，觉得事物本就如此，对它的了解已烂熟于胸，无须再做调查思考。殊不知，事物总在变化，由于对变化了的情况不了解，对自己"熟知"的事情也就不熟了。

俗话说："熟知非真知，积非可成是。"这也是黑格尔在《精神现象学》导言中所阐述的一个重要观点。熟知与真知是有区别的，甚至可以说有很大的差距。熟知只是看到了眼前事物的轮廓，而对其内涵却未加深思，因而并非是真知。常识也是如此。常识往往是各种错误、荒谬的源头，是世俗的藏身地。因此，常识不是纯粹知识。

黑格尔说过一句话："对认识的认识，对思想的思想。"即对熟知事物关于真知的反思。随着研究的深入、环境的变化都能颠覆之前的理念。恩格斯在《反杜林论》中说："常识在日常应用的范围内虽然是极可尊敬的东西，但它一跨入广阔的研究领域，就会碰到极为惊人的变故。"我们的科学前辈是从没有答案或者不相信前人的答案中发现真理的。他们遭人质疑、指责，甚至付出了鲜活的生命。例如，西班牙医生塞尔维特提出血液来源于心脏而非大脑的理论却被处死，宣传哥白尼的"日心说"的布鲁诺被活活烧死在鲜花广场……

"不识庐山真面目，只缘身在此山中"。因为常识会把一切非常识的东西掩蔽，所以，不要把熟知当真知，更不要把常识、熟知当作全部的知识和智慧。我们要培养自己的逆思维心理，尊重常识但不迷信常识，在我们习以为常的事物里反向追问并能够质疑，继承并能够批判，把感性认识上升为理性认识。只有颠覆惯性思维，让天翻，让地覆，让天地之间的至尊土崩瓦解，你才会在颠倒乾坤里开辟新的道路。

智慧点读

不要以为自己的经验是万能的、不可更改的，你熟知的事情可能是最荒谬的。

360度思考，思路就会越来越宽

事物可能有很多的"面"，除了对立面，还有侧面、上下面等，所以当看到其中一面时，不要以为事物就是那个样子。单方面地思考，只观其表，得出的结论并不是客观的，还可能是错误的。只有多角度看问题，而且又能把各个面组合起来，全面分析事物整体的形象，你才能认清事物的真面目。

有个老师问学生："树上有10只鸟，有人开枪打死了1只，还剩下几只？"这是我们经常听到的一个问题，可是学生的回答让老师很是汗颜。一个学生站起来说："猎人射出的子弹是单粒子弹还是散弹？"老师说："是单粒子弹。"

"是无声手枪还是有声手枪？"老师说："是一般的手枪。"

学生又问："枪声有多大？"老师说："80到100分贝。"

学生又问："有没有鸟是聋子，听不见？"老师说："没有。"

学生再问："你确定这只鸟被打死了吗？"老师说："确定。"

学生又问："鸟有没有被关在笼子里面或挂到树上？"老师答道："没有。"

学生又问："有没有鸟怀孕？"老师说："没有。"

学生又问："旁边还有没有别的树，别的树上还有没有鸟？"老师说："没有。"

学生又问："有没有饿得飞不动的鸟？"老师说："没有。"

学生又问:"你确定树上只有10只鸟?"老师说:"确定。"

学生又问:"这10只小鸟有没有刚被孵育出来,尚在鸟窝中嗷嗷待哺,还未懂得飞翔的小鸟?树上有鸟窝吗?"老师说:"没有。"

这时,老师脑门上的汗已经流下来了,下课铃响起,学生继续问:"有没有傻得不怕死的鸟?"老师说:"没有。"

"会不会一枪打死两只鸟?"老师一边擦汗一边说:"不会。"

"那么,鸟都能自由活动吗?"老师回答说:"是的。"

"它们受到惊吓起飞时会不会惊慌失措而互相撞上?"老师说:"不会。"

学生最后说:"如果你回答的问题没有骗人的话,打死的一只鸟挂在树上,树上还有一只鸟。如果打死的一只鸟掉下来的话,树上就没有鸟……"

这位学生的话还没有说完,那位习惯于标准答案的老师已经晕倒在地了。

看完上面的事例后,感觉好笑之余,你是否想过:你在面对问题时,从内心产生某种想法的时候,一直到形成最终的答案,考虑了多少因素?答案是一对一的吗?常规的思考方向使我们的答案具体而固定,然而,若是不顺着问题简单思索,于相反的方向多寻求几个已知条件,事情的走向可能就不同了。达·芬奇的老师韦罗基奥说:"即使是同一个蛋,只要变换一下角度去看,形状也是不同的。比方说,把头抬高一点看,或者把头放低一点看,这个蛋的椭圆形轮廓就会有差异。"看问题也一样。有些问题从

逆转思维

不同的角度看，会得出截然相反的结论；有些问题永远没有唯一的答案。只要因素发生变化，只要有一个条件发生变化，答案就会发生变化。

多年以来，僵化的一问一答式的教育使我们习惯于按常规方向思考问题，很少有人勇敢地迈出反向思考的脚步。多角度思考问题，应该是一个很重要的开端。在现实中，我们要么无意识，要么思想局限，就是找不到思考的突破口。因此唯有多角度考虑问题，才能确定正确的行为规则。

多角度考虑问题并没有多高深，有时只需一个灵感，我们就会发现高深莫测的东西原本是那样简单。你还记得"曹冲称象"的故事吗？大人们只想着怎么去称象，而曹冲却不从需要秤的角度思考，想到了用石头代替大象的重量的方法。现在，锻炼一下你的思维能力，你还能想出其他的方法吗？石头太沉，搬来搬去怪麻烦的，是不是能直接喊来一些人站在船上？只要是比较沉又容易计算重量的东西是不是都可以？先逆向思索，然后进行360度思考，思路就会越来越宽。

再出道题考考你：一只装了半瓶水且用软木塞塞住的瓶子，在不拔出塞子，不敲碎瓶子，不用任何工具的情况下，怎样喝到水？这似乎像个脑筋急转弯，但事实上正锻炼了你的逆思维能力。千万别顺着拔塞子的思路往下想，否则你会越想越头疼。给你个提示：能否将塞子按入瓶子内？你是不是恍然大悟了？为什么你对解决这个问题感到困难呢？因为你受常规思维的支配，不善于换个角度思考问题。

铅笔与橡皮擦本来是分开的,但用起来麻烦,而有人将它们绑在一起,便有了带橡皮擦的铅笔。在发展越来越不均衡的世界里,未来只属于"有想法"的人。黑格尔说过:"人是靠思想站立起来的。"不怕做不到,就怕想不到。反常规去思索,多角度思考问题,你会发现正确答案不止一个。

只要会观察、爱思考,就算不是专家,也会产生很好的点子。你若是不停地从一个角度转向另一个角度,重新构建这个问题,对问题的理解随视角的每一次转换而逐渐加深,最终也能抓住问题的实质。

智慧点读

成功在很大程度上并不取决于能力,而取决于你是否能够换一个角度来看你所熟悉的事物。

倒过来试试,答案可能就出来了

日本动画片《聪明的一休》里有这样一幕:

一群小和尚围在一起看一座庙,他们都说此庙难看。只有一休默不作声地把身体弯成弓形,头冲下,看得笑了起来。其他小和尚连忙问他在干什么。一休说:"你们倒过来看看。"小和尚们效仿一休的样子一看,连连说:"好看,好看。"

正在这时,老和尚踱步过来,见小和尚们做出这种不雅的动

逆转思维

作,生气地说:"你们都在干什么?"他把小和尚们轰走后,也学小和尚倒立着看,不禁感叹道:"哇,果然不一样,难怪,难怪!"

这个故事说明,世间诸多事正着看看不清时,反过来看却可以让人豁然开朗。

有这样一则幽默故事:

老板:欢迎,没有你我们的公司肯定不一样!

职员:工作要是太累了,搞不好我会辞职的。

老板:放心,我不会让这样的事情发生的!

职员:周六日能休息吗?

老板:当然了!这是底线!

职员:平时会天天加班到凌晨吗?

老板:怎么会,谁告诉你的?

职员:有餐费补贴吗?

老板:不用说,绝对比同行都高!

职员:有没有工作猝死的风险?

老板:不会!

职员:每年公司会组织我们旅游吗?

老板:这是公司的规定!

职员:每天都得准时上班吗?

老板:不,看情况吧。

职员:工资呢?会准时发吗?

老板:一向如此!

职员:事情全是新员工做吗?

老板：怎么可能，我们这儿也有很多资深员工！

职员：如果领导职位有空缺，我可以参加内部竞聘吗？

老板：毫无疑问，这是我们公司赖以生存的机制！

职员：你不会是在骗我吧？

——进入公司后的真实情况请从后往前读。

讲这个笑话的目的是想给倒过来思考的话题增加一点趣味。倒过来思考是一种很有意思的思考方式，它能改变我们传统的思维习惯，带给我们有益的人生启示。只要你敢倒过来想，你就会发现事情居然别有洞天。

我有个朋友喜欢从结尾往前看书。他是这样解释的："从头读起，总被各种悬念困扰，恨不得一口气读完。即便看完后，也会久久不能释怀，不理解结局为何是那样的！我从后往前看，对结局了然于胸，仿佛在看一个慢镜头回放。这样看带给了我不同的感受。"

你或许不喜欢倒着来读小说，没关系，你可以将"倒过来"的方法用在其他方面。比如做这样的填空题：

$6 \times 6 = 1(\quad)$；

$18 + 81 = (\quad)6$。

$6 \times 6 = 36$，$18 + 81 = 99$。

怎么填也不对啊！其实，解题要讲究方法，不要一条道走到黑，本来想不通的事，倒过来想可能就明白了。第一道题倒过来就是 $81 = 9 \times 9$。所以括号里应该是 8；第二道题倒过来就是 $99 = 18 + 81$，所以括号里应该是 6。

逆转思维

若不倒过来看，就比解答"哥德巴赫猜想"还要难。

还有一道类似的填空题：

若 1=5，2=125，3=245，4=2145，那么，5=（　）。

此时你肯定在忙着寻找它们之间的规律，其实，何必那么费事儿呢？回头来看第一个已知条件，你发现了什么？答案是"1"。看出来了吗？很多人都会忽略问题的起点，被已知条件迷惑，想找出它们之间的规律，却越想越糊涂，走了不少弯路。

再举个寻常的例子：

我们在拍照时总是先数"3、2、1"，大多数人尽量睁大了眼睛，可当数到"1"的时候还是坚持不住眨了眼。如何避免这个问题呢？很简单，让大家都闭上眼睛，喊"3、2、1"后再一起睁眼不就行了！

毫无疑问，倒过来想就是一种逆向思维心理。它简单又奇妙，可许多人想不到，原因就是习惯于单向思维，按照固有的认识框架定向推演，结果费尽了力气，却走向了死胡同。吸尘器的发明者布鲁斯，就有过这样倒过来试试的经历。

一天，英国土木工程师布斯观看了一种车厢除尘器示范表演。当时，"除尘器"表演是很吸引人的。可那次表演实际上是用风把灰尘吹走，因此观众被吹得满身满头都是灰尘。布鲁斯认为此法并不高明，他反其道而行之，用吸尘法，布鲁斯做了个很简单的试验：用口对着手帕吸气，结果灰尘不再四处飞扬。而被吸附在手帕上。布鲁斯想：能不能换个办法把吹尘改为吸尘呢？后来，他根据这个原理，研制出了吸尘器。

倒过来试试，多么聪明的想法！你若能经常这样做，或许也能发现被别人忽视的问题。

总之,当我们身处羁绊或思维困顿之时,若能倒过来试试,"深度"可能就变成"高度"了。

想不通的事倒过来就想通了,看不惯的人换个个儿就看惯了。

只有错误才会让你继续进步

错误也有剩余价值?你搞错了吧?当然没有搞错。事实上,不只你,大多数人都视错误为洪水猛兽,不是避之唯恐不及,就是快刀斩乱麻,马上与错误脱离关系。这也是有道理的。大量的实例表明:人人都会犯错误,改正错误就是好同志,但有些错误是万万犯不得的,其一就是原则性的错误不能犯;其二就是一旦犯了,后果无法挽回的致命错误不能犯。既然错误这么可怕,它还有什么剩余价值呢?

此时,如果我们能利用逆思维来考虑,不是一味地避开错误,而是反过来利用错误带给我们的经验,结果肯定就不一样了。事实上,错误的确是存在价值的,一个错误可能会永久葬送一个人的事业,也可能会令他取得更大的成功,这取决于怎样面对自己的错误。如果能从中吸取经验教训,使之成为对自己有益的参考,化为学习中珍贵的资产，那么，通过犯错误，要比一直不犯错误能学到更多的东西，避免更大的失败。泰戈尔的哲理诗中有句名言："当你把所有的错误都关在门外，真理也就被拒绝了。"这句话意味深长且发人深省，它向世人揭示了，让人"讨厌"的错误也有不菲的价值。美国考皮尔公司前总裁F·比伦说："若是你在一年中不曾有过失败的记载，你就未曾勇于尝试各种应该把握的机会。"一次错误，并非罪恶，真正的罪恶是不会从错误中学习。日本企业家本田先生也说："很多人都梦想成功，可是我认为，只有经过反复的失败和反思，才会达到成功。实际上，成功只代表你的努力的1%，它只能是另外99%的被称为失败的东西的结晶。"当然，你绝不能被同一块石头绊倒两回，否则就是傻子了。

在科研上，错误常常是正确的先导。著名科学家钱学森说："正确的结果是从大量的错误中得出来的，没有大量的错误做台阶，也就登不上最后正确结果的高峰。"每当发现一次错误，就离正确近了一步。许多事情往往要经受无数次错误的洗涤，正确才姗姗而来。比如研制一架新型战机或一辆新型坦克，不知要经历多少错误，发现的错误越多，研制的东西越趋于完美。

再说，错误里也有合理的成分。恩格斯曾指出："今天被认为是合乎真理的认识都有它隐蔽的、以后会显露出来的错误的方面；同样，今天已经被认为是错误的认识也有它正确的方面，因而它从前才能被认为是合理的。"我们做事的目的性和功利性往往都比较强，一旦目标与想象的不符，就被当作错误，使得有价值的"错误"与我们擦肩而过。翻看科学史，不难发现，很多发明都是缘于一次偶然的错误。

  古埃及时期，有个帮工在厨房不小心将一碗羊油掉在炭灰里。他急忙清理炭灰。当他干完活去洗手时，手上竟然出现一些白乎乎的泛着泡沫的东西。他发现，以前总也洗不净的油腻腻的手，现在居然干净清爽了。大家知道这事后，也用羊油和炭灰的混合物来洗手。这件事传到法老那儿，他便派人用羊油和炭灰做成一个个小小的球状体，供宫里的人使用。后来，科学家发现了其中的奥秘，技术又不断得到改进，方便实用的肥皂诞生了。

  有个造纸厂的工人，他在生产一批书写用纸时，因弄错了配方，结果使生产出来的纸不能书写，造成了大批废品。正在他发愁时，有个朋友提醒他："废纸是相对于有用纸来说的，或许这批纸在别处能派上用场呢？"他灵机一动，这批纸的吸水性能特别好，可以在这方面发挥作用啊。于是他就从工厂以低价买下了这批废纸，切成小块，包装起来，取名"吸水纸"，想不到刚上市就被抢购一空。后来，他申请了吸水纸生产专利。

  想想吧，如果造纸工人当时一味地懊恼，那么，他怎么会想到错误再利用呢？有些失误，并不是"错"，而是一个亮点，关键是你怎么看。顺着常规看，它是错误；倒过来想，它可能就是机会。只要你善于思索，在"错"中也可能会发现科技的存在，那么，错误也因此而熠熠生辉了。

  可口可乐的发明也颇具戏剧性。据说，一个药房伙计错误地将糖浆兑上了苏打水，并且加了几块冰，递给了客人，结果客人

> 逆转思维

赞不绝口，于是，一种怡神畅快的饮料诞生了。因为里面含有古柯叶和可乐果，他们给这种饮料取名为"可口可乐"。

像这样的故事在生活中还有很多。错误会给你带来损失，但只要你懂得从错误中找寻有益的东西，事情就会发生天翻地覆的转变。所以，不要将"错误"一概而论，更不应将其一棒子打死。因为在某一时刻的错误，在下一刻也许恰恰就是正确的。

智慧点读

成功不会再告诉你什么新的东西，只有错误才会让你继续进步。

学问，就是学习问问题

如果你去过美国的北卡布中学，你会发现，在教室、走廊墙壁上张贴着很多标语，其中一幅上写着"The biggest question is no question"。什么意思呢？翻译过来就是"最大的问题是没有问题"。

传统的观念一直认为，如果没有问题了，则是达到一个高度了，是完全了解、掌握了，是进步了。而事实上，这种观念是错误的，我们反过来思考，没有问题了，是不是代表着没有再前进和创新的可能了呢？

著名教育家杨福家教授认为："什么叫学问，就是怎么学习问问题，而不是学习答问题。如果教会一个学生去问问题，去怎样掌握知识，就等于给了他一把钥匙，他就能去打开各式各样的大门。"

有人说："中国的教育，是让有问题的学生变得没问题；外国的教育，是让没问题的学生变得有问题。"乍一听，很有道理。袁振国先生在其《反思科学教育》一文中这样论述："中国衡量教育成功的标准是，将有问题的学生教育得没问题，全都懂了，所以中国的学生年龄越大，年级越高，问题越少；而美国衡量教育成功的标准是将没问题的学生教育得有问题，如果学生提出的问题教师都回答不了，那才是非常成功，所以美国的学生年级越高，越富有创意，越会突发奇想。"

这不禁让人想起两个故事：

维特根斯坦是剑桥大学的著名哲学家摩尔的学生。一天，著名哲学家罗素问穆尔："哪个是你最好的学生？"穆尔马上说："维特根斯坦。""哦，为什么？""因为在所有的学生中，只有他一个人在听课时总是露出一副茫然的神色，而且总是有问不完的问题。"后来，维特根斯坦的名气超过了罗素。有人问："罗素为什么会落伍？"维特根斯坦说："因为他没有问题了。"

还有这样一件事，1979年6月，中美两国互到对方的学校考察初级教育。中国人见美国小学生连加减乘除还要掰指头算时，却大谈发明创造，最后得出结论：美国初级教育已病入膏肓，可以预言，再过20年，中国的科技必将超过这个超级大国。美国人发现北京、上海等地的小学生上课时除了老师发问，一般不轻易提出问题。这些孩子每天7点钟以前就匆匆赶往学校,晚上还要做很多家庭作业。美国人也得出结论:中国的孩子勤奋刻苦,学习成绩是世界上同龄人中最好的,可以预测,再过20年,美国在科技方面将远远落在后面。

20年转瞬即逝,结果呢?美国"病入膏肓"的教育制度培养了几十位诺贝尔奖获得者和比尔·盖茨等100多位知识型的亿万富翁,而中国还没有哪一所学校培养出了一名这样的人才。两家的预言都错了。

由此看来,没有问题并不代表懂了、会了,而是代表思想僵化了。反过来看,没有问题才是真的有问题了。

回想一下,你当学生时,是不是课堂上也只是等着老师一步一步地推导出标准答案,一节课上完了,老师如果问"同学们听懂了吗""还有什么问题没有",你往往回答说"懂了""没问题"?而事实上,学生没问题是中国教育的最大问题。没有问题就没有怀疑,没有自己的看法,没有自己的观点。亚里士多德曾说过:"思维是从疑问和惊奇开始的。"爱因斯坦也曾说:"提出一个问题往往比解决问题更重要。"不能发现问题和提出问题就谈不上创新。科学史上的每一项重大发现或发明都是从问题开始的。比如,牛顿发现万有引力就是从"苹果为什么会落地"这一问题出发的。

问题意识不仅在学习中相当重要,在工作中也不可或缺。工作的过程,就是不断发现问题、提出问题、解决问题的过程。

美国通用汽车公司的领导艾弗烈·史隆,每次开会时总是让下属提出问题。如果下属的问题较少,他会立刻宣布结束会议,让大家回去思考;等下属能够提出各种问题时,他才再次开会。他说:"一个没有问题的决策,正表明这个决策问题相当严重,所以非再深入调查和研究不可。"

有问题很正常,没有问题才不正常,才是最大的问题。仔细想想,一个单位、一个企业少则几十人,多则上千人上万人,一次、几次没有发现问题情有可原,若次次发现不了问题是不是有点蹊跷?

有一句话说得好:"成绩不说,跑不了;问题不说,不得了。"自称没有问题的企业,不是太自满,就是太无知。如果发现不了问题,则表明能力水平有问题;如果不能"善问"问题,则表明在履行职责上有问题;如果不能"善待"问题,则表明思想意识上有问题。而这些都对工作不利。

老子说:"为之于未有,治之于未乱。"就是教育我们要善于见微知著,最好把问题消灭在萌芽状态,最不济也要在问题产生危害前解决。纵观许多企业,往往在事故发生后才分析隐患,才"恍然大悟"般发现这些隐患平时一直都存在,只是被大家轻视的"小问题、没问题"所遮盖。

其实,在工作中我们常常能发现问题,但是因为不善于思考,而对其视而不见,或者遇到难于解决的问题就逃避了。有些人甚至抱着只要工作不出问题就是最大的成绩的心态,长此以往,使得小问题越积越多,最终变为了大问题。事实上,对于个体而言,不要害怕发现问题,更不要害怕解决问题。这些问题如果被你解决了，那你也就不再是普通的员工了。很多时候，机会不是没降临在你身上，它只是存在于各种各样的问题当中，围着你转了一圈你却没有主动抓住，它又悄悄地溜走了而已。

现在你相信了吗？没有问题真的是没问题吗？要永远记住这个公式：

没有问题等于有问题。

> 没有解决不了的问题，只有发现不了的问题。问题就是机会，就是方向，只有找准了问题，才有机会，才有解决问题的方向。

最危险的地方还是一样危险

俗话说："最危险的地方也是最安全的地方！"我们一般是这样理解它的：人人都知道这个地方最危险，认为某人不可能到这种危险的地方来，因而没必要在这个地方"排兵布阵"、白费功夫了。正因为如此，这个最危险的地方却成了"兵力"最弱、"监管"最松的地方。相对于其他地方而言，这里反倒最安全。

在影视剧中，我们经常会看到犯人居然敢去衙门里谋差事，如今也有现代版的类似事件。比如，有个叫李玉虎的杀人犯，在逃亡11年后终于落网，令所有人大跌眼镜的是，他竟然在山西隐姓埋名当上了警察。我们来看看事情的来龙去脉：

1994年4月20日清晨，李玉虎为帮内弟"出气"，指使他人将与内弟有隙的马某打死，李本人随即远逃他乡，从此杳无音信。11年后，一公安人员在外吃早点时，听到有人说在山西临汾的警察局里有一个警察和李玉虎很像，这引起了他的警觉，随后立刻通知局里。查明情况后，立刻展开抓捕，至此才将这个漏网之鱼绳之于法。

事实上，通缉犯摇身变为警察的事情，已经不是第一次发生了。早在李玉虎案之前，重庆奉节县警方抓捕通缉犯陈某时发现，其竟供职于县交警大队，并且已经整整工作了两年。两年间陈某不但常到县公安局送文件，甚至还亲自参加过一次追逃行动。

杀人嫌犯能拿公安机关当避难所，这可不是谁都能有的"勇气"。他们以为最危险的地方最安全，但对于违法分子而言，没有哪个地方是安全的。

在此，我们并不是要与你讨论危险与安全问题，也不是要给罪犯找个稳妥的藏身之地，而是想说"最危险的地方就是最安全的地方"的思维心理是经不起推敲的。危险和安全都是相对的概念。你认为安全的地方，也可能是他人关注的目标。比如，长春某酒店的老板秦刚将15万元钱藏在了自己酒店的餐桌底下。结果，被内部人员发现并窃走了。

有时候，人很喜欢与时运赌一把，就像上面提到的老板秦刚，他以为大家都觉得这样做危险而没有人会这样做时，他则认为这么做或许就是安全的。而事实上，人人都已经将"最危险的

逆转思维

地方就是最安全的地方"当成了惯性思维,既然大家早已熟知人们的这种心理习惯,你就该再反其道而思之,把最危险的地方就当作最危险的,这样才能避免以身犯危。这种思维含有很浓的博弈智慧,唯有在对风险有充分的预估和有效的应对措施后才可行。

还记得下面这个故事吗?

有个少年出海打鱼,碰到一个学者,学者问他:"你父亲是干什么的?"

少年回答说:"和我一样也是在海上打鱼的。"

"那他人呢?"

"几年前死于海上风暴。"少年伤心地说。

"那你的爷爷呢?"

"和我父亲一样,打鱼时翻船死了。"少年有些不耐烦了。

学者似乎没看出来少年的不快,又追问:"那你为什么还要冒这种风险出海讨生活呢?"

少年反问学者:"你的父亲呢?"

"他也过世了。"

"他死在哪里?"

"他死在床上啊!"

"那你的爷爷呢?"

"一样是在床上逝世的啊?"

少年说:"那你还敢天天睡在床上?"

学者愣住了。

实际上,最危险的地方还是一样危险。只要是有生命,那就永无最安全的地方。哪里都不会百分之百地安全,绝对的安全是一种极端理想状态。要想安全,就要时刻绷紧自己的安全弦,并提高防范意识。但有时即使你明知危险,为了生计,也得险中求生、险中求胜、险中求富。要么就得像诸葛亮一般,突破常人的思维定式,逆向思考,随机应变,谋定而动,才会虎口脱险。

228年,诸葛亮屯兵于阳平,把兵力都派去攻打魏军了,只留少数老弱残兵在城中。忽然听说魏军大都督司马懿率15万大军来攻城。诸葛亮临危不惧,传令大开城门,还派人去城门口洒扫。他还登上城楼,端坐弹琴,态度从容,琴声不乱。司马懿来到城前,见此情形,没有贸然进攻,反而下令退兵。

面对浩浩荡荡的敌军,空城岂不危险?无奈诸葛亮当时想跑已来不及,只能将这个最容易攻破的地方伪装成固若金汤。这是个险招,诸葛亮之所以能吓退司马懿,正是利用了司马懿的认知误区。诸葛亮如此评价司马懿:"此人料吾生平谨慎,必不弄险;见如此模样,疑有伏兵,所以退去。"故此,才能上演虚实难辨的一幕戏,将危险的地方变为安全之所。

"空城计"是专属于诸葛亮和司马懿的博弈经典,未必适合你我。安全永远是相对的,没有绝对的,安全风险永远不可能等于"零",更甭说"最危险的地方最安全"了。要想保证安全,就要有知己知彼的基础,否则,危险的地方依然是"火药桶"。

没有绝对安全,只能时刻小心。

"在此之后"不等于"由此之故"

我们常说:"有因必有果。"原因和结果揭示客观世界中普遍联系着的事物具有先后相继、彼此制约的规律。原因是指引起一定现象的现象,结果是指由于原因的作用而引起的现象。正确地把握因果联系,能够增强预见性。我们还是从"纣为象箸箕子怖"说起吧。

有人送给殷纣王一双名贵的象牙筷子,纣王很是喜欢,处理完朝政后便邀群臣共赏。可箕子见了这双筷子后就像见了鬼一样,吓得浑身哆嗦,一时说不出话来,脸色由白转青。怎么回事呢?原来他是这样想的:纣王用了象牙筷子,就不会再用陶制的碗碟来盛饭菜,必须配玉器才相称;用了玉器和象牙筷子,也就不会盛那些粗菜了,必须盛山珍海味才相称;若吃的是山珍海味,那么他一定不穿粗糙的麻布,也不肯住苇草屋子了,一定要穿绸着缎住楼阁。如此奢靡腐败,恐怕商朝是不会长久了。

果然,过了几年,纣王开始追求奢华的生活了,建酒池、造肉林、筑鹿台奢靡无度,敢于谏言的大臣也被他逐一杀死。他的荒淫无道,导致了国人的反抗,最终被周武王所灭。

其实,箕子并不是什么神仙,也是肉眼凡胎,他不过是循着事物的"因"进行逻辑推理罢了。有因才有果,原因总是在结果之前。纣王铺张浪费,生活腐败,这个"因"必然导致商朝灭亡的"果"。只不过,有些果来得很快,有些果来得慢一些,若"因"得不到及时更改,"果"终归还是要来的,无人能挡。

上面说的是由因推到果,而逆思维心理却可以帮助我们由果溯因。所谓"由果溯因",就是先果后因,世界上的各种事情盘根错节,有了一定的结果,必能找出产生这结果的原因。有个寓言故事是这样的:

两只狐狸聊天,小狐狸说:"我真是生错了年代了,每次行事之前都仔细谋划了,可还是找不到食物!"

老狐狸问道:"你何时开始谋划的?"

小狐狸说:"这还用问,当然是肚子饿了的时候呗!"

老狐狸语重心长地说:"这就是问题的关键所在了。饥饿和周密考虑从来走不到一起。你以后制订计划,一定要趁着肚子饱饱的时候,这样就会有好的结果了。"

有果必有因。上例的小狐狸为什么落得吃不饱的结果呢?因为它谋划得太晚了。晚起的鸟儿没虫吃,晚谋划的狐狸也要挨饿的。

在生活中,你可以用因果的逆推法来激励自己。比如,有个叫漆浩的人辞去工作到泉州创业。一般情况下人在制订创业计划时是逐年向前设定的,如今年做什么,明年达到何种程度,后年又有什么打算。漆浩却不这样做。他按五年一个周期设计目标,如设定了五年后的目标，那么，第四年应做成哪些事情，第三年、第二年……他就这样鞭策着自己。事实证明他的事业发展步伐和他当初订立的目标基本一致。

从果推因的时候要注意，片面地遏制"果"，而不去改变它的"因"，必然导致畸形发展的结局。还要清楚一点——某种恶果在一定的条件下又可以反转为有利因素。这是不是让你感到费解？其实，古人早就想到用事物的结果去对抗事物的原因了。比如预防天花。

众所周知，天花是感染痘病毒引起的，无药可治，患者在痊愈后脸上会留有麻子，"天花"由此得名。中国古代名医孙思邈用取自天花疮口的脓液敷在皮肤上来预防天花。北宋时，医师把天花病人皮肤上干结的痘痂收集起来，磨成粉末，通过鼻腔黏膜为健康人"接种"，从而使人获得对天花的免疫能力。后来，这种天花免疫技术经波斯、土耳其传入欧洲，直到1798年英国医生琴纳用同样的原理研制出了更安全的牛痘疫苗。现在的天花疫苗不是用人的天花病毒，而是用牛痘病毒做的，牛痘病毒与天花病毒的抗原绝大部分相同但不会使人体生病。

需要注意的是，原因和结果在因果链中是相对的，此事的结果可能是彼事的原因，但就这一对因果来说，它又是绝对的，原因就是原因，结果就是结果，既不能倒因为果，也不能倒果为因。若不然，因果倒置会引起逻辑的混乱。

有一座桥，桥边竖立了一个绞刑架，行人通过时，必须说出他真正要到哪里去，如果他说了谎，就必须在绞刑架上被吊死。有个人是这样回答的:"我上这里来是为了被吊死。"守桥人一听就迷乱了——如果把他吊死,那他就说了真话,应当放他过桥;如果放他走,那他就是说了谎,应当把他吊死,怎么办?

守桥人之所以陷入两难境地,是因为因果倒置的陷阱。怎么样,很诡异吧?

在逆向思考因果关系时,还要注意因果联系的多样性,如一因一果、一因多果、同因异果、一果多因、同果异因、多因多果(复合因果)等情况。

总之,不管是"由果溯因"还是"由因求果",都是为了推动事情向有利方面转化,防止和排除其不利因素。如果你能用逆思维心理掌控好因果法则,就会把每一个问题都分析透彻,并能未雨绸缪,决胜千里之外。

智慧点读

原因和结果必须同时具有必然的联系,即二者属于引起和被引起的关系。"在此之后"不等于"由此之故"。

颠倒顺序——田忌赛马的启示

你还记得田忌赛马的故事吗?

齐国的大将田忌很喜欢赛马。有一回,他和齐威王赛马。

逆转思维

他们用彼此的上马对上马，中马对中马，下马对下马。由于齐威王每个等级的马都比田忌的马强得多，所以几轮比赛下来，田忌都失败了。田忌的好友孙膑给他出了个主意：用自己的下等马对付齐威王的上等马，用上等马对付他的中等马，用中等马对付他的下等马。结果，三场比赛完后，田忌以二比一战胜了齐威王。

按理说，齐威王的马都比田忌的强，之前的比赛就证明了这点。可田忌依照孙膑的策略，只是调换了一下马的出场顺序就转败为胜了。这是怎么回事呢？马还是原来的马，田忌为什么能战胜齐威王呢？

关键在于"顺序"，孙膑认真分析马的情况后，逆常规而动，调换马的顺序，扬长避短，变劣势为优势，取胜也就是情理之中的事了。

顺序对任何人来说都不陌生，我们办事要有顺序、说话要有顺序、观察要有顺序，就连吃饭也要有顺序。但有时我们观念中的"顺序"未必就是正确的。就拿吃饭来说吧，你知道先吃什么最有营养、最健康吗？什么食物先吃，什么食物后吃，这可是有学问的，乱了顺序，便会苦了肠胃。

北方人的习惯是先吃饭，后喝汤。但民谚却说"饭前喝汤，胜似药方"，南方人先汤后饭的顺序才是正确的。吃饭前先喝几口汤，等于给消化道加了点"润滑剂"，可使后来的食物顺利下咽，防止干硬食品刺激胃肠黏膜，从而有益于胃肠对食物的消化与养分的吸收。顺序对了，一切就顺理成章了，不仅吃得"合算"，而且营养、健康。

有些问题令我们百思不得其解,其实,只要稍稍改变我们习以为常的顺序,就能成功了。

刚开始的时候,打字机键盘上的键是按照字母顺序排列的,可是人们在正常击键时老是出故障。为了解决这个难题,打字机的发明者绍尔斯请他身为数学家的妹夫来帮忙。他妹夫思考一番后,提出一个解决方案:在键盘上把那些常用的连在一起的字母分开,这样击键的速度就会稍稍减慢,也就减少了故障发生的概率。绍尔斯按照他的方案,将字母按一种奇怪的顺序排列后,这个问题真地被解决了。现在,人们已经习惯于使用这种编排古怪的键盘了。

把顺序颠倒了,问题就迎刃而解了,这类事情在工作中并不罕见,比如船体的焊接。最初船体装焊时都是在固定的状态下进行的,这样有很多部位必须仰焊。仰焊的劳动强度大,且质量不易保障。后来改变了焊接顺序,在船体分段结构装焊时将需仰焊的部分暂不施工,待其他部分焊好后,将船体分段翻个身,变仰焊为俯焊,这样装焊的质量与速度都有了保证。

在做生意时,我们也可以用逆向思维"颠倒顺序",不按程序进行。

蒙牛乳业集团的创始人牛根生就与常人的创业思路不一样。人们在创业时,都要先建厂房、进设备、生产产品,然后打广告、做促销,产品才能有知名度,才能有市场。而牛根生不这么做。面对窘境,他"先建市场,后建工厂"。

逆转思维

在"一无工厂,二无奶源,三无市场"的情况下,牛根生用300多万元在呼和浩特进行广告宣传,几乎在一夜之间,人们都知道了"蒙牛"。

打出去广告后,牛根生与中国营养学会联合开发了新的产品,然后再与国内的乳品厂合作,以投入品牌、技术、配方,采用托管、承包、租赁、委托生产等形式,"借鸡下蛋"生产"蒙牛"产品。通过这种逆向运作,在短短两三个月内,牛根生盘活了近8亿元的企业外部资产,完成了一般企业几年才能完成的扩张之路。

多年以后,牛根生这样总结自己的这一经营策略:"人的行为导向模式一般有两种:一是原点式,即从现有资源出发,先点兵后打旗,步步为营正向推演,结果是小打小闹难成气候;另一种是目标导向式,即目标倒推法,先树旗后招兵,反向推演跨越发展,整合天下资源为己所用。"

的确,并不是所有的事都要按照常规去做。突破思维定式,清楚自己应先做什么后做什么,怎么做才是最符合效益的,这样才能迅速达成目标。

当然,也不是所有事情的顺序都是可以颠倒的。比如,在稀释浓硫酸时,只能把浓硫酸慢慢地倒入水中,而绝不能把水倒入浓硫酸中。大量实验证明,错把水倒入浓硫酸中时,就会像水滴落在滚烫的油锅里一样,顿时沸腾起来,硫酸液体会四处飞溅,有时瓶子还会炸裂。相反,如果把浓硫酸慢慢注入水中,水只是稍稍发热而水面却是平静的,一点儿也不会飞溅。

这说明，是否能颠倒顺序，还要讲究科学。因此，在你想不通或是毫无头绪的时候，就应及时回到原地，重新找寻线索。只要在混沌中找出顺序来，就会像孙膑和牛根生那样，变劣势为优势，让事情顺利地向前发展。

智慧点读

> 混沌的东西出现后，其背后的顺序也会渐渐浮出水面。你要做的就是找出它们，然后重新排序！

越禁止，人们尝试的欲望越强烈

一天，我路经一河边，看到一个很醒目的牌子，上面写着：禁止游泳。忽听身边一男人说："哈哈，看到这个禁令，倒想去试一试。"也许，他这不只是开个玩笑，而是当真出现了这种愿望。这不禁让人想起了一个故事：

古希腊神话中，上帝告诫亚当和夏娃千万不要偷吃伊甸园里的苹果，否则会受到严惩。其实，在上帝没有这么说之前，亚当与夏娃并未想到要偷吃苹果，奇怪的是，被禁止以后，他俩反倒产生了不可抑止的欲望，结果，稍经蛇的诱惑，他们就吃了禁果。

这是怎么回事呢？为什么越是禁止，人们想尝试的欲望反而更加强烈？究其原因，就在于人都有猎奇和逆反心理。对于事物的隐秘处、他人的隐私，越是禁止窥视、知晓，人们对其的兴趣越是浓厚。这种现象在心理学上被称为"禁果效应"，如某些电影、书籍越禁止越走俏。古代的《金瓶梅》曾被统治者认为是"诲淫诲盗"的书，列入"禁书"之列，但它却以"禁书"而闻名。西方文化史上，萨德、王尔德、劳伦斯等人的著作也都"享受"过被禁的"待遇"。被禁并没有使这些书销声匿迹，反而让更多的人因此知道了它们。这种东西不被禁的话，也许并不会引起人们的关注和接受。如此我们便可以发现，当我们想让对方接受某种事物，而正向的宣传不起作用时，不如采用逆向思维去禁止它，这样反倒会激发起人们的兴趣。

土豆在法国的引种就是这样一个典型的事例。18世纪时，法国人把土豆叫作"鬼苹果"，农民们都不愿意引种。为此，法国农学家安瑞·帕尔曼切想出一个主意。他在一块土地上种了土豆，并请求国王派一支全副武装的国王卫队看守。到了夜晚，卫队故意撤走。人们趁卫队撤走后成群结队地来偷挖土豆，然后移植到自家的菜园里，精心照料。从此，土豆很快在法国得到了推广。

这一事例更加证明，越是禁止的东西人们越是想尝试。精明的商人参透了人们的这一心理，所以他们经常营造产品脱销的假象，以此激发消费者的购买欲望。比如，有些商家在店门口显眼处挂着"对不起，某商品已售完"的牌子，等有人来购买时，商家再告诉他们，还有不多的存货。有的企业故意隐藏自己的信息，从而吸引人们尤其是媒体的关注，待人们努力了解后，才发现原来没有什么特别的，可是，该企业、该产品却已深入人心了。

在现实生活中，我们也会发现有些人的脾气像牛一样犟，你让他向西，他偏偏向东，你告诉他这件事不许干，他偏偏要去试试。针对这种人，如果你想让他做事，只要对他说声"不许"就够了。

有个孩子不想学电子琴了，她的妈妈就买回了一架高级电子琴，放在自己的卧室里，不许孩子碰一下。孩子生气地问妈妈："这琴不是给我买的吗？为什么不让我碰？"妈妈故意激怒她："反正你也不想学了，何必要碰它呢？"听到妈妈的话后，孩子着急地说："我怎么不学，我这就去学。你看着吧！"以后，每当妈妈不在家的时候，她就偷偷地弹。

你瞧，这种"禁果效应"有多明显！或许你也发现了，像上例中的那个孩子一样，有太多的人倾向于反刺激，你越是怀疑他、不相信他，他就越要做出个成绩给你看！

2008年8月16日，在国家游泳中心"水立方"进行的北京奥运会游泳项目男子100米蝶泳决赛中，美国选手菲尔普斯夺冠。事后，菲尔普斯说："比赛前，我的教练鲍勃说如果我输了，那将是件好事。他这么说使我取胜的愿望更加强烈了，我说：'我会奋力去争取的！'"正是教练的刺激，让菲尔普斯迸发了潜能，取得了胜利。

越是希望对方那么做，越是要禁止他那么做，这种逆向思考的方式可以帮助我们解决很多难题。但需要注意的是，你必须在

逆转思维

充分了解对方性格的情况下使用此计，否则，对方非但不会被你的计策所吸引，还可能视你如敌。

越禁止越感神秘，人们越企图尝试。所以，当我们想让对方接受某种事物，而正向的宣传不起作用时，不如采用逆向思维去禁止它，这样反倒会激起人们的兴趣。

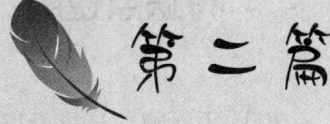

第二篇

逆着看逆境，一切皆有希望

处于逆境时先要战胜什么呢？你可能会说，先要战胜环境和他人。但你错了，先要战胜的是自己。若用逆思维心理宽慰自己，提高自己的"逆商"，那么看起来是坏事的逆境，却能锻炼你的意志，给予你无尽的力量。反过来想，一切皆有希望！

逆转思维

将缺点逆用，变为可利用的东西

2005年春晚，笑星冯巩在与朱军出演的《笑谈人生》中这样形容自己："在相声界我说得最好，演员界我导演得最好，导演中我编剧最棒，反正我就想玩儿个综合实力。"朱军说："你总是拿自己的长处比人家的短处。"冯巩又说："有句话说得好，和帕瓦罗蒂比劈叉，和美国总统布什比说中国话。"

看过这个节目后，我们往往一笑了之。但细想之，人非完人，在各个方面都会有欠缺。有的人就因为这些缺点，甚至放弃了自己的梦想；还有的人为了拼命地掩盖这些缺点，甚至连优点都失去了光彩。能主动承认缺点的人很少，而能正视缺点的人则少之又少，能理性看待缺点并能弥补缺点的人更是寥寥无几，至于能把缺点变成长处的人，那更是难得一遇的智者。

其实，缺点不是不可以转化。你可以用逆思维心理，将缺点逆用，变为可利用的东西，化被动为主动，化不利为有利。这种方法并不以克服事物的缺点为目的，而是化弊为利，以期找到更适合自己发展的地方。

有个小孩，在上中学时，父母安排他学文学。一个学期过后，老师认为他勤奋刻苦，可做事不知变通，过于拘礼和死板。一个化学老师知道他的这些缺点后，觉得他做事认真和死板，非常适合做化学实验，建议他改学化学。谁都没有想到，这个孩子在化学领域找到了自己的舞台。他的成绩在班里名列前茅，后来，他荣获了诺贝尔化学奖，他的名字叫奥托·瓦拉赫。

奥托·瓦拉赫之所以能成为一个有用之才，就是因为很好地利用了他的缺点。一位专门从事人力资本研究的学者说过这样的话："发现并运用一个人的优点，你只能得60分；如果你想得80分的话，就必须容忍一个人的缺点，发现并合理利用这个人的缺点和不足。"

清代有位将军叫杨时斋，他把聋子安排在左右当侍者，以避免军事机密泄露；派哑巴传递密信，万一被敌人抓住，也问不出什么东西来；命瘸子守卫炮台，坚守阵地，因为他们很难弃阵而逃；让瞎子于战前伏在阵前窃听敌军的动静，担负侦察之职，因为瞎子一般听觉灵敏。

无独有偶，还有一个"西邻五子"的故事：西邻有五个儿子，一子朴，一子敏，一子偻，一子盲，一子跛。西邻让老实的务农，机敏的经商，失明的算卦，驼背的搓麻，跛足的纺线，五个儿子都能自食其力，使包袱变成了财富。

如果你也能识短用短，也许也能够让劣势转化为优势。比方说，让爱吹毛求疵的人去当产品质量管理员，让谨小慎微的人去当安全生产监督员，让斤斤计较的人去参加财务管理，让爱道听途说传播小道消息的人去当信息员……

如果你能反向思考，你会发现，任何人的短处之中都蕴藏着可用的长处。对待自己也是如此。清人顾嗣协有诗云："骏马能历险，犁田不如牛。坚车能载重，渡河不如舟。"人的短处和长

逆转思维

处是相对的,要善于从短处中挖掘长处,切莫因为一时的不足和劣势就彻底放弃自己独特的一面。

你知道扶芳藤吗?它是一种能吸尘绿色植物,若把它种在墙角,它就是杂草一株;若把它放在室内,它就是一株天然的吸尘植物。植物如此,我们何尝不是这样呢?

赵本山的喜剧小品妇孺皆知、蜚声海外,连续多年获得中央电视台"我最喜爱的春节晚会节目"一等奖,他也因此有了"红笑星""小品王""土神""东方卓别林""中国笑星"等美誉。他出道之前是个农民,有人说他重活干不了,轻活不愿干,就会耍嘴皮子。按常理想,这样的人就算没救了,没啥大出息了。然而,正是因为他这"懒劲儿",他硬是把嘴皮子耍成了一门功夫,练成了广受人们喜欢的"赵氏风格"小品。

总之,有了缺点或"短处"并不可怕,可怕的是人们对缺点或"短处"的歧视和偏见,常常为被自己视为缺点的部分而遗憾、伤感、沮丧,却忽视了缺点中有价值的部分。人生可供利用的资源不只是人的优点和长处,还有人的缺点和短处,很多时候我们若能将缺点逆用,也会发挥其积极作用,成为人生一笔难得的财富。当你成功的时候,那些缺点就会成为特点。

智慧点读

被认为是缺点的方面,如果善加分析把握,反倒可能成为一种优越的条件。

倒过来想想，挫折也许正是礼物

事情都有多面，按常规思考是挫折、是困难的事情，如果能倒过来想想，从有利的一面看，思维就豁然开朗了。

有两个台湾观光团到日本伊豆半岛旅游，那里的路面凹凸不平。其中一位导游连声抱歉，说路面简直像麻子一样。另一个导游却诗意盎然地对游客说："各位，我们现在走的这条道路，正是赫赫有名的伊豆迷人酒窝大道。"

世界本身是没有问题的，障碍是由你的思想造成的。决定人生高度的不是你的学历、背景、资历、经验，而是你看事情的角度。同一种状况，由于不同的思维，却能产生不同的态度。

两个农民坐火车外出打工，一个想去上海，一个打算去北京。在候车厅时，他们听人议论说，上海人精明，外地人问路都收钱；北京人淳朴大方，见有乞讨者，不仅给钱，还为其买食物、送衣服。于是，本来要去上海的那个人想：还是北京好，就算挣不到钱，也不至于饿死。而将要去北京的那个人也在琢磨：还是上海好，给人指路都能赚钱，可见遍地都是商机。他们都想退票，结果在退票窗口相遇了。原来要去北京的人得到了上海的票，去上海的人得到了北京的票。

去北京的那个人发现，北京确实不错，他一个月都没找到合适的工作，整天闲着，竟然没饿着。不仅银行大厅里的水可以白喝，而且大商场里的点心也可以免费品尝。

去上海的那个人发现，上海哪里都暗藏商机：开厕所可以赚钱，卖水也可以赚钱。他从郊外弄来一些含有腐殖质的泥土，以"花土花肥"的名义出售，一天就赚了50元钱。后来，他有了自己的第一间门面房，有了自己的第一家公司、第一家分公司。他的生意越做越大，逐渐拓展到上海、南京、广州等城市。

一次，他坐火车去北京考察市场。在川流不息的北京站，一个脏兮兮的人伸手向他要钱，就在他抬头的瞬间，两个人都呆住了——因为五年前，他们曾换过一次票。

你觉得这个故事是可笑还是让人心酸呢？同样是农民出身，由于思维不同、心态不同，他们在短短的五年内，生活发生了翻天覆地的变化。他们的区别在哪里？本来要去上海的人被惯性思维所控制，不假思索地把"精明"认为是"不善"，把"淳朴大方"想成对自己"无害"，按理说这个想法是常态思维的必然结果，但正是这个想法使得他失去了前进的动力；相反，本来要去北京的人却倒过来想——"精明"说明机会多。逆思维给他带来了机会，最终成就了他。

有个父亲嗜酒如命，不务正业。奇怪的是，他的两个孩子在相同的环境中长大后，一个成了律师，一个却沦为囚犯。有人问他们何以到今天的地步时，两人的答案惊人的一致："谁让我们有那样一个父亲呢！"

"谁让我们有那样一个父亲呢！"因为有这样的父亲，一个孩子破罐子破摔，而另一个要改变命运，使自己成为强者。有人说过，真正左右你的并非周围的环境，而是你的思维和心态。确实如此。每个人对环境的理解不尽相同，有的人悲观消极，有的人激情昂然，有的人浑浑噩噩，有的人茫然无措。如果你不以俗眼视逆境为阻力，将其视为向上的动力，那么，你就可以慢慢步入平坦的大道。如此看来，是顺思维而想，还是逆思维而动，结果还真是大不一样。

雨后，一只蜘蛛艰难地向墙壁上已经支离破碎的网爬去。由于墙壁潮湿，每当它爬到一定高度就会摔下来。蜘蛛一次次地往上爬，一次次地摔下来……第一个人见此情景，哀叹道："我难道不像蜘蛛一样吗，一生碌碌无为！"于是，他变得更加消极。第二个人看到后，嘲笑道："这只蜘蛛太愚蠢了，它完全可以从旁边干燥的地方绕一下爬上去呀！我以后可不能像它那样愚蠢了。"于是，他变得聪明多了。第三个人目睹蜘蛛的这一幕后说："一只蜘蛛尚且能不畏挫折，屡败屡战，我更应勉励自己，战胜磨难！"于是，他变得坚强起来。

思维的毁灭力是巨大的，而创造力也是无限的。当我们并不能改变所处的环境时，唯一可以逆转的就是我们的思维心态；当我们无法预知生活的突发情况时，最好的方式就是接受它，然后看到它的另一面。只要你掌握好"顺"和"逆"的方向盘，生命的阳光就会更加灿烂。

事物的本身并不影响人，人们只受对事物看法的影响。

另一只眼看逆境

谁都希望自己的生命航程是一帆风顺的，谁都不想受到命运的愚弄。然而，世事无常，天灾人祸、不测风云常把人卷入逆境或绝境中。"逆境"可以是大自然的莫测风云，也可以是人际间的互相倾轧；可以是飞来横祸，也可以是人为事端。逆境可怕吗？逆境确实可怕。那我们就要在这种恐惧中战栗地活下去吗？千万不要这样生活，否则我们必将崩溃。我们完全可以战胜逆境带给我们的悲观和失落，只要我们反过来想，逆境带给我们的教训和磨练难道不是另一种人生体验吗？

在英国的一个小镇上，有户人家生了一对双胞胎。因为家庭贫困，他们只得将双胞胎中的哥哥送人。收养他的是当地的一个大户。但令人想不到的是，20年后，哥哥在街头流浪，靠乞讨为生，而弟弟却在英国著名的牛津大学深造。到底发生了什么变故呢？原来，哥哥在富裕的家庭中整日吃喝玩乐，无所事事，养父母对其相当失望，决定不留给他一分钱遗产。他没有生存技能，只得沦为乞丐。弟弟过得异常凄苦，吃不饱穿不暖，但在父母的鼓励下，他发愤图强，顺利考入了牛津大学。

古人云："逆境砺德，顺境毁身。"人的本性是避难趋易的，顺境固然能使人如虎添翼，但若跟上例中的哥哥一样，不能很好地抓住机遇，而是一味沉醉于优越的环境，让安逸磨灭自己的斗志，就可能颓废一生，使顺境逆转。相反，当人处于逆境，面临生存威胁时，人的生存欲望就会激发他的全部潜能去拼搏进取，走出逆境。

卢梭有句话是这样说的："一只雄鹰在练习飞行时，总是随风而飞，但当遇到危险时就会转过头来逆风而飞，反而飞得更高。"古往今来，那些蜚声政坛、文坛、科坛的名人几乎都经历过种种"磨难"的考验。岳飞、范仲淹、海瑞、托尔斯泰、达尔文、牛顿、聂耳，他们都是4岁以前丧母或丧父，备尝生活的艰辛，在生活的最底层苦苦挣扎，最终才战胜恶劣的处境，拥有了辉煌的人生。

"贝多芬"这个名字大家都不陌生，因为他创造了太多有名的乐曲，在世界上享有盛誉。但谁又能想到，他一生所遭受的挫折是难以形容的。幼年时，贝多芬的母亲便离开了人世，而父亲嗜酒如命，因此家境贫寒。可这种恶劣的环境却培养了贝多芬顽强坚韧和独立自主的性格。通过艰苦努力，贝多芬成了妇孺皆知的音乐家。但命运总是捉弄他，正当贝多芬带着维也纳天才音乐家莫扎特的赞扬——"不久将扬名世界"而踌躇满志地想去掀开音乐史上新的一页的时候，他爱上的人却与别人结婚，更可怕的是他的耳朵聋了。但是，贝多芬还是接受了这个残酷的事实，他没有就此颓废，而是更加努力并用心地去谱曲与演奏。他在一封信中写道："我要扼住命运的喉咙，它妄想使我屈服，这绝对办不到！"事实证明，贝多芬的著名曲谱大多数都是在他双耳失聪之后谱写的。

上苍的严酷就在于，他总是用逆境来检验人。别林斯基说：

逆转思维

"不幸是一所最好的大学。"英国思想家培根也认为奇迹多在厄运中出现。如果你能够控制逆境，甚至将它变成激动人心的机会，我向你保证，收益比你想象的要多得多。

逆境是成材的试金石。孟子说过："天将降大任于斯人也，必先苦其心志，劳其筋骨，饿其体肤，空乏其身，行拂乱其所为，所以动心忍性，增益其所不能。"身处逆境时别心灰意冷、自暴自弃、甘于失败，而是要冷静地思考，把逆境当成磨刀的石、炼钢的炉，大不了顺境时你付出三分努力，而逆境时你付出八分努力就是了。伏尔泰曾说："人生布满了荆棘，我们知道的唯一方法就是从那些荆棘上迅速踏过。"这就是面对逆境时应有的态度。

但不是所有经历过挫折的人都能有所作为。有的人稍受挫折，就惊慌失措，或一蹶不振，怨命运多蹇，叹生不逢时。这种人既缺乏强者的毅力，更不懂逆思维心理，不知道环境与拼搏精神是对立统一的。法国大文豪巴尔扎克说得好："不幸，是天才的晋升之阶，信徒的洗礼之水，能人的无价之宝，弱者的无底之渊。"

当然，我们不是在否定顺境的优越性，只是更希望大家正确地看待逆境，不要陷入逆境带给我们的悲观情绪中不能自拔，而要让逆境激发出我们的叛逆之心，与逆境对着干，从而变逆境为顺境。

总之，顺境也好，逆境也罢，我们都要用逆思维来分析一下，找出优势的不利一面，看到劣势的有利一面，从而提高自控力，把握好自己的行为。自古纨绔少伟男,那是因为仅有良好的物质条件并不意味着就有了人才成长的好环境。自古雄才多磨难,如果你能把逆境视为人生的一种财富,那么,逆境也是通往成功的贵宾通道。

智慧点读

逆境虽然不是值得称道的好事,但也不是不可摆脱的坏事,当一个人突然陷入只能靠自身的努力才能摆脱的困境时,他如何思考、如何反过来利用困境,将决定他能否走出困境、走向成功。

胜无常胜,而败也并非永远

我们做事只有一个目标,那就是"成功"。可是,事情往往不像我们想象的那样简单,有时我们会遭遇挫折,被现实打击得一点自信都没有了。面对失败,坚持还是放弃?

你是不是认为成败就到此为止了,这就是最终结果?如果你转换一下思维,反过来将失败当作一种临时的结果,或者干脆把它看成一个新的起点,那么,谁能保证你不会转败为胜呢?胜者不可能常胜,败者只要不轻易言败,也不会是常败。

还记得项羽自刎乌江的故事吧!古往今来,为其扼腕长叹者不计其数。李清照在诗中云:"生当作人杰,死亦为鬼雄。至今

逆转思维

思项羽,不肯过江东!"诗人杜牧感叹道:"江东子弟多才俊,卷土重来未可知。"如果当时项羽懂得运用逆思维的话,不执拗于"没脸见江东父老",而是看到"江东子弟多才俊",东山再起也是有可能的,那么最终谁胜谁败还真不好说呢!遗憾的是,项羽不能以发展的眼光看问题,唯心地认为大势已去,退路已绝,于是自刎以谢江东父老。

与项羽相比,越王勾践卧薪尝胆,"三千越甲可吞吴"的壮举更让人景仰。

人的一生不可能永远一帆风顺,都要遭受这样或那样的失败,只不过有的人栽跟头栽得多些,有的人栽得少些罢了。失败只是一个阶段,而不是全部;只是一个岔道口,而非终点站。也许当前的失败令你感到灰心,或是失去了活下去的勇气,但是相对于更长的生命来说,它只是一个临时的站点。

唯物辩证法认为:矛盾双方根据一定的条件是可以相互转化的。如小时候看电影或电视剧时清楚地将人物分为好坏两种,后来发现好人往往难当,坏人也可以原谅,一个当了多年的好人,会因为一件错事而失去好人的"头衔",使人嗤之以鼻。套用一句歌词,那就是"原来不是黑就是白,只不过是天真地以为"。所以,我们不妨用逆思维心理看待事情。

逆思维其实也是一种对事物的辩证认知,它不是单一地从某一方面认识事物,而是从另外的角度,反转其最终的结果,看到不一样的意义。就像人世间的好事与坏事,两者都不是绝对的,在一定的条件下,坏事可以引出好的结果,好事也可能会引出坏的结果。福的另一头就是祸，它们互相转换，共存共融。喜乐欢忧，也都是暂时的，不是最终的结局。只看到了有害的一面而忽视了有利的地方，就会导致思维短路、心理阴暗。

同样，既然没有什么是一成不变的，走运和倒霉也就不会持续太久。成功就是相对于失败的，只是表明某件事情的结果，一个完成状态而已。现在不等于未来。现在你成功了，并不代表未来还会成功；现在失败了，也不代表未来就要失败。高尔基说："最黑暗之时，就是离黎明不远之时。"生活中没有永远的失败者，人的一生本就是由成功和失败相互交织而成的。如果你放弃了，就等于自己给自己判了死刑。因此，无论身受多大的创伤，都要坚持住。太阳落了明天还会再升起，心酸的日子总有尽头，过去是这样，将来也是这样。

你要相信，不管事情的发展有多糟糕，你都具有扭转的能力。著名文学家海明威的代表作《老人与海》中有这么一句话："英雄可以被毁灭，但是不能被击败。"英雄的肉体可以被毁灭，可是英雄的精神和斗志则永远在战斗。

最后，希望你记住玛瑞亚饭店创始人比尔·玛瑞亚说的一句话："我永未遭遇过失败，因我所碰到的都是暂时的挫折。"

智慧点读

成功不是结果，失败只是过程。这个世界上没有永远成功的人，也没有永远失败的人。

逆转思维

把成功当定局，你离失败就不远了

　　自古以来，大多数人最向往的就是"功成名就"，并为之挤破了脑袋，因而在成功后志得意满、如沐春风也是人之常情了。但必须注意的是，一次成功并不代表永远的成功。相反，当成功的喜悦向你袭来时，你必须控制这种情绪的蔓延，让自己的思维向对立面的方向转化，逆思维思考，看到成功带来的负面情绪——放纵、骄傲、懒惰，并对它们产生警觉，如此一来，你才能成为一个经得起成功的人。如果你习惯性地沿着表象看待成功，把现有的成功当作定局，你离失败就不远了。

　　1644年，明末农民起义领袖李自成率领大军攻陷北京，建立大顺政权，推翻了统治276年之久的明王朝。在胜利之后，李自成及其手下大将对复杂多变的形势没有清醒的认识，自以为战斗已结束，可以高枕无忧了，于是武将忙于"追赃助饷"，文官忙于开科取士、筹备登基大典，士兵耽于享乐、沉湎酒色。结果他们很快被清朝和吴三桂打败。

　　古人云："骄兵必败。"李自成全军上下自我感觉良好，自满自大，还腐败奢靡，完全没有转变思维考虑这么做可能带来的负面结果，不败才怪呢！不仅李自成这样，古今中外很多人都是闯过了大风大浪，却倒在了成功之后。

　　一代大将关羽，过五关斩六将，所向披靡，却因大意失掉了荆州。

吴王夫差因为打败了越王勾践而骄傲起来，终日花天酒地，不理朝政，后来，终于被卧薪尝胆的勾践所消灭。

法国皇帝拿破仑，曾以用兵如神称霸欧洲，却因辉煌的战绩而沾沾自喜、骄傲自满，最终含恨遭遇滑铁卢。

一代文豪小仲马，写出巨著《茶花女》后，却因骄傲再也没能写出其他著作。

发明大王爱迪生晚年变得骄傲自恃，甚至对其他人说："不要向我建议什么，任何高明的建议也超不过我的思维。"这样一来，就堵塞了智慧的源泉，丧失了前进的动力，他也就不再有新的重大的发明了……

为什么上例中的那些人都以成功"起家"，以失败告终呢？一个根本的原因就是太把自己过去的成功当回事儿了，当他们通过努力把一条小路走成康庄大道之后，因为不能及时转变思维的方向，对自我满足感不加节制，于是又将康庄大道阻塞成了一条小路。其实，每人都有得意之时，都有机会获得某种成功。但是这并不意味着你真的很牛，也许只是机缘巧合，也许你还会遭遇劲敌，如果用过往的成功来放大自己，那么不仅成功难以延续，倒退也在所难免。因此，要淡然面对自己的成功，不要把一时的成功当作永久的丰碑。下面来看看史书中记载的一件事：

孔子带着学生到鲁桓公的庙中去参观，见到一种倾斜易覆的器具。孔子问守庙人那是何物。守庙人说："这是欹器，是放在

逆转思维

座位右边,用来警诫自己,如'座右铭'一般用来伴坐的器皿。"孔子说:"听说这种器皿空着时是歪向一边的,水不多不少时是端正的;里面的水装得过多或装满了,它就会倾倒。"接下来,孔子叫随行弟子灌水。弟子舀水往器皿里灌,果然水装得适中时器皿就端端正正地立在那里,而灌满水它就翻倒了,里面的水流了出来。再过了一会儿,器皿里的水流尽了,就又像原来一样歪斜在那里。孔子感叹说:"世界上哪里会有太满而不倾覆翻倒的事物啊!"

这则故事告诉我们,不要骄傲自满,凡自满的人,往往会向它的对立面——空虚转化,最终让之前的辛苦付之东流。你是不是也容易被成功冲昏头脑呢?比如说,考入重点大学,在某项比赛中得了冠军,某项计划超额完成,在某个领域有了突破,甚至当了老板……你认为自己成功了吗?你会始终领先吗?考入高等学府并不一定意味着前途无量,得了冠军、超额完成计划等,也只是说明暂时有了一个好的结果,甚至当上了老板也不是成功的标志。在我们身边,有很多老板由于各种原因屡屡受挫,最后不得不重新走上打工之路。

成功者永远在路上。成功只属于过去,不代表明天,它是由一个个小小的目标达成,一次次小小的进步累积而成的。一个阶段的成功要更好地推动下一个阶段的成功。有位记者问一名世界级足球明星:"在你的职业生涯中对自己进的哪一个球最满意?"这名球星答道:"下一个。"这名球星之所以能取得成功,就因为他在追求成功上永远都没有满足感,永远都在奋勇追先。我们每一个人都应该有这种永远追求的精神。

此一时的成功，必依赖于彼一时的行动和进取精神。如果哪一天知足了，前进的脚步便停止了。那么由结论往回推，就要求我们在成功的道路上不能知足，由此来看，成功也是一种考验，而且是很严峻的考验。我们只有认识到这一点，才会从胜利走向下一个胜利！

世界乒乓球冠军邓亚平说："一切从零开始，永远从零开始。"成功虽然很美，但它在你心中不能是句号。

成绩是用来肯定自己的，不是用来放大自己的。

敌人不在外部，而是你熟悉的自己

你一生中会遇到很多敌人或者对手，他们可能是你的同窗、同事、同行，虽然没有战场上的硝烟弥漫、血流成河，但也让你心力交瘁、备感压力。如果你认为他们才是你最大的敌人、对手，那你就错了。拿破仑有这样一句名言："我最大的敌人就是我自己。"难道不是吗？我们习惯于把外在的抗衡者当作敌人，有时还未经过正面较量我们便甘于落败，然后以正向思维发出感慨，说敌人多么强大，自己多么弱小。但是，如果反过来看，你为什么弱小？是体力不如人吗？是智力不如人吗？如果这一切都是对等的，那你失败在哪里？逆思维让我们发现，一个人最大的敌人是自己，失败往往是从自己的心里开始的。如果先战胜自己，就很难有人战胜你了。

有个乞丐在街头失声痛哭，路人问他为什么哭。乞丐边哭边说："我父母双亡，现在就剩下我一个人了。几天前，我的家又被强盗洗劫一空，现在我真的一无所有了！"路边有一条流浪狗被他惊醒了，它对着路人狂叫，还咬住路人的裤腿不放。路人不慌不忙地从兜里掏出一面镜子，放在狗的面前。狗又对着镜子叫，可叫着叫着，声音逐渐变小，最后狗夹着尾巴走了。乞丐看到这里，好像悟到了什么。

后来，这个乞丐重新找地方安了家，他靠种花成为一个大富翁。多年后，有记者采访他，问其成功的秘诀。他说："在我几乎绝望的时候，是一位路人点醒了我。他用镜子对着向他狂叫的狗，最终狗被镜子里的自己吓跑了。我没有像被自己吓跑的狗一样，被自己打败。"

最难逾越的障碍，是自己的心理障碍。一些事情的发生，是不受你控制的，但你不免受其影响。如果你把自己过去体验过的种种痛苦、烦恼和失败仔细分析一下，就可能会发现，它们产生的原因有一大部分都是你无法战胜自己。

三国时的周瑜，赤壁之战时，谈笑间使曹操"樯橹灰飞烟灭"，可是，他竟被诸葛亮活活气死！他战胜不了来自内心的敌人——过分的自尊。死前，他仰天长叹："既生瑜，何生亮！"

在上例中，周瑜若能不气，将心放宽些，何至于英年早逝呢！

老子说:"胜人者有力,自胜者强。"打得过别人,不过说明力气大罢了,能够征服自己这颗心,有效控制情绪,才是真正的强者。因为除了你自己,没有任何人可以使你沮丧消沉。

两个人在沙漠中艰难行走。已经三天三夜了,他们滴水未进。其中一个因中暑实在走不动了,同伴把一支枪递给他,叮嘱道:"我现在赶紧去周边找水。这把枪里有三颗子弹,我走后,每隔两小时你就对空中鸣放一枪。枪声会指引我前来与你会合。"说完,同伴走了。这个人躺在沙漠里想:他能找到水吗?能听到枪声吗?会不会丢下我走了?

一个小时过去了,两个小时过去了……眼看天快黑了,枪里只剩下一颗子弹了,而同伴还没有回来。这个人彻底失望了,他把最后一颗子弹送进了自己的太阳穴。枪声响过不久,同伴提着满壶清水,领着一队骆驼商旅赶来,但找到的是他尚为温热的尸体。

很多时候,打败自己的不是外部环境,而是你自己。中暑者不是被沙漠的恶劣气候吞噬的,而是被自己的恶劣心理毁灭的。如果他能稍微坚持一下,就会等来希望。

高尔基说过:"最伟大的胜利——战胜自己。"《孙子兵法》中说:"千千为敌,一人胜之,未若自胜,为战中上。"意思是,若以一个人的力量去战胜成千上万的敌人,当然算是勇猛的战将了,但是,还不如战胜自己显得更有价值。千万不要被我们的正向思维误导了,我们不是通过战胜别人获得勇气的,要获得勇气,先要战胜自己的软弱;我们不是因为别人的放手变得洒脱的，想变得洒脱，先要战胜自己的执迷；我们不是依靠别人的督促变得勤奋的，想变得勤奋，先要战胜自己的懒惰；我们不是只能与顺从自己的人和谐相处的，想要人际关系融洽，先要战胜自己的自私和偏见。一个人总是在不断战胜自己的过程中成长的，当你战胜自身的诸多弱点和不足时，成功便会举着胜利的牌子走向你。

著名的江民杀毒软件创始人王江民，曾被《世界商业评论》评为"影响中国软件发展的20人"之一。他年近四十才开始学计算机，45岁才创业。"人都是在不断地反抗自己周围的环境中成长起来的。"王江民最欣赏的就是高尔基的这句名言。而王江民本人的经历也印证了这句话。他因小儿麻痹症导致终生残疾，尽管腿不方便，他还是锻炼爬高山、骑自行车。他一辈子没有上过大学，但他凭借自学，从一名街道工厂的学徒工干起，成长为拥有20多项创造发明的机械和光电类专家。1989年，38岁的王江民开始学习电脑，并开发出了中国首款专业杀毒软件。1996年，他到北京中关村开始创业之路。2003年，他凭借杀毒软件跻身"中国IT富豪榜50强"。

从某种角度来说，王江民的成功是战胜自己意志的成功，是战胜自身残疾的成功，是不向命运低头的成功！

女子蹦床运动员何雯娜在勇夺北京奥运会冠军后，接受记者采访时说了这样一句话："能战胜自己就是成功，不管我第几。""拳王"穆罕默德·阿里曾说："我绝不会失败，除非我确信自己已经失败。"阿里之所以在无数次拳击比赛中取得胜利,是和其始终把自己看作是最强大的、相信自己会胜利的理念分不开的。

你呢,你是不是也能战胜自己,去翻越那一座又一座横亘在自己心中的"山"?

智慧点读

悲观的人,先被自己打败,然后才被生活打败;乐观的人,先战胜自己,然后才战胜生活。

将自卑化为动力——我自卑,我努力

我们经常听到这样一句话:"自信是向上的车轮。"其实不尽然,自卑也是向上的车轮。自卑固然有其消极的一面,会让你失去信心,但如果你能反过来利用自卑,化自卑为力量,自卑也会变为成功的推动器。

邓亚萍是"乒乓球历史上最伟大的女选手""中国乒乓军团旗帜性人物",她曾说过:

我不如别人,我自卑,所以,我不停地努力。当年从郑州到国家队的时候,没有一个人肯定我。为了证明给他们看,我快发了疯,每天都比别人刻苦。我知道我的个子不如别人,别人允许有失败的机会,我没有,我只能赢,所以我打球凶狠,那是逼出来的。后来我成功了,别人又说我没有大脑,只会打球，于是我发疯地学习，从不认识英语字母到熟练地和外国人对话。我不比别人聪明，我还自卑，但一旦设定了目标，绝不轻易放弃！

你是否也正处在自卑当中呢？或许你认为自己长得不好看，学不会开车，也不会煮饭、做家务，还不懂得八面玲珑的交际手段，等等。如果我说人人都会有自卑感，你可能不信，但若细心观察你周围的亲朋好友，有几个人是真正不自卑的？自卑的人总感觉处处不如别人，自己看不起自己，"我不行""我没希望""我会失败"等话总是挂在嘴边。自卑心理可能是由于自身的缺陷，或者他人对自己的负面评价造成的。任何一个有脑子的人都知道自卑会导致失败，这是显而易见的。为什么会失败？就是由于正向思维导致的结果，我们顺应了自卑的要求，按照自卑的旨意行事，将本来潜藏的资本完全覆盖，从此一蹶不振，这样不失败就怪了。然而，事实上自卑也并不完全是坏事，它应该是一种中性的特征，好与坏完全取决于你是否顺应它。如果你能够反向思考，与自卑面对面、硬碰硬，别人认为不好的，你偏要让它变好，不如人之处，你偏要努力提高，那么自卑便成了你向上的动力。

纵观古今中外，几乎所有的天才都并非自信的人，相反倒是有几分自卑。他们不肯毁于弱点而自强不息，因自卑感产生对优越感的渴望，并为获得优越感而进行奋斗。下面简单举几个例子：

他患了小儿麻痹症，落后的医学无法救他，他成了瘸子。此外,他的牙齿参差不齐且凸了出来。为此,他很自卑。但他强迫自己跟那些嘲笑他的人接触,强迫自己去参加打猎、骑马或其他一些激烈的活动。他刻苦读书、勤奋工作,直至攀登上成功的巅峰。最后这位伟人又因病瘫痪,但他不仅战胜了病魔,而且还连任四届美国总统。他的名字叫罗斯福。

他不仅是私生子且出身微贱,母亲是个私生女且面貌丑陋,言谈举止总不得体。可以说,没有谁比他更低贱了,他总是遭人白眼,因此很是自卑。他时刻记着自己比别人差,为此拼命克服这些缺陷。他后来成了美国人民最尊敬、最爱戴的总统之一,为美国的统一、和平、发展做出了巨大贡献。他的名字叫林肯。

他从小驼背,在高大英俊的哥哥面前,他简直就是个小丑。进学校读书后开始成绩很差,老师劝他的父亲带他离开学校,去当一名鞋匠。父亲断然拒绝了这个要求。此事激发了他的上进心,他发疯般地学习,很快成了全班数学最好的学生。这大大增加了他的自信心。后来他开创了以"自卑情结"为中心的个体心理学派,成为"现代自我心理学之父"。他的名字叫阿德勒。

他出生在布拉格一个犹太商人家庭,父亲性情暴躁,让他自小形成了敏感多疑、忧郁自卑的性格。长大后,他三次订婚,又三次退婚,导致终生未娶。在事业不顺的时候,他说过"巴尔扎克的手杖上写着'我粉碎了一切困难',而我的手杖上写着'一切困难粉碎了我'"这样极度自卑的话。即便如此,他还是写出了《城堡》《变形记》《地洞》等名著,让后来的现代主义作家"高山仰止"。他的名字叫卡夫卡。

周国平在《智慧与人品》中说:"我相信,天才骨子里大都有一点自卑,成功的强者内心深处往往埋着一段屈辱的历史。"强者也有软弱的时候,伟人也有渺小的时候。通过上例我们知道,很多天才都曾极度自卑。但自卑既可以毁灭一个人的斗志,也可以成为一股巨大的精神动力,使人在绝望中奋起,发出灿烂炫目的光芒。没有那种刻骨的自卑,也许上例中的那些伟人只成为一个平常人,甚至不如平常人。而战胜自卑的关键,就是不能一直沉浸在自卑的情绪当中,应该转过身来,勇敢地与它正面交锋,把它当作你进取的原动力,让它时刻提醒你要自强不息、不能放弃。如此一来,自卑就不再是我们一直恐惧的敌人,而是促进我们向上的盟友。

所以,不要困在自卑当中了,感谢"上天"给予你那尚能继续进步的"差距",充分利用自卑的"反作用力"来不断前行吧!

智慧点读

适当的自卑有时也是一种生命的营养液,偶尔使用它,我们的事业之花就会开放得更艳更美,也更持久。

方向错了,走得越远就错得越深

曾看到过这样一个较为滑稽的故事:

某个部门在训练员工晨跑时,想让领导在最后一刻跑在第一的位置上。负责人绞尽脑汁,终于想出了一个点子,就是在晨跑即将结束时,所有的人都掉转方向,向后跑,那时,原本在队伍后面的领导一下子就成了领队人。

这个故事是不是很好笑?不过,如果你按照这种思维做事,也能收到好的效果。有句话说得好:"方向比努力重要!"无论做什么事情,首先需要方向正确。树的方向由风决定,人的方向由自己决定。如果方向错了,走得越远就错得越深。唯有及时调整,才能谱写人生崭新的篇章。

朱德庸的漫画专栏在台湾有十多年的连载历史,其中《醋溜族》专栏连载十年,创下了台湾漫画连载时间最长的纪录。但是,你可能不知道,朱德庸小时候居然是老师、家长眼中没有希望的孩子。他的成绩很差,初中毕业后没考上高中,到一个技校学习,才一个学期就被踢出来了。好不容易进了一所高中,高二时又被退学了。朱德庸说:"所有人都认为我将是一个非常失败的人,只有画画使我快乐。"他曾一度认为自己很笨,后来才知道,不是自己愚笨,而是人各有所长。他从小喜欢画画,从4岁开始,画画是唯一令他放松的事情。他在学校里画,回到家里也画,书

逆转思维

和作业本上的空白地方都画得满满的;在学校受了哪个老师的批评,一回到家就画他,狠狠地画,把他画得很惨。后来,他凭借在军队服役时每晚以手电筒照明创作而成的《双响炮》红透台湾,并且引发了四联漫画的热潮,那时,他只有25岁。当人们都夸奖他时,只有他自己清楚,从4岁到25岁,在这条路上他受过多少委屈和挫折。

公鸡惯于打鸣,家犬擅长看家,雨燕巧于筑巢,蜜蜂长于酿蜜。同样,人也有个体差异。谁都不会一无所长,都有值得骄傲的地方。你不必羡慕别人的长处,更无须感到自卑。或许你口才不好,但擅长写作;或许你操作能力不行,但精通人力资源管理。认识到自己的优势,走最能发挥自己才能的道路,才会在奔向成功这一比赛中夺得冠军!

有个农民从小就想成为作家,为此,他每天坚持写一篇文章。每每写完,他还要反复斟酌语句,尽心润色修改,然后满怀希望地寄往各地的报纸杂志。遗憾的是,尽管他这么用功,却从未发表过一篇文章。

在他29岁那年,他收到了一家刊物总编的退稿信。信中写道:"从你多次投稿来看,你是个上进的人。可我不得不遗憾地告诉你,你的知识面很狭窄,生活阅历太少,但你的钢笔字却很出色。"他读到这里,仿佛被点醒了。第二天,他没有像往常那样写作,而是练起了钢笔字。现在他已是著名的书法家,他叫张文举。成功之后的他感叹道:一个人要想成功,理想、勇气、毅力固然重要,但更重要的是,在人生路上要懂得舍弃,更要懂得转换好自己的方向!

　　张文举的做法就是运用了逆向思维,他认识到自己失败的原因不是态度问题,而是能力问题,既然自己没有写作的能力,为何不在有能力的地方下功夫呢?与其在一条并不适合自己的道路上苦苦拼杀,不如找一条更适合自己的路。逆向思维让他另辟蹊径,找到了新的出路。是的,有些失败不是因为你付出的不够,而是你没有行走在最适合自己的那条路上。所以,为何不换个方向呢?也许你会做得更好。

　　美籍华人科学家、曾获诺贝尔物理学奖的杨振宁教授,年轻时立志成为一个实验物理学家。1943年,已在实验室工作了将近20个月的他在写一篇实验物理论文的时候还总是出现问题。他不得不承认自己的动手能力确实比别人差。被誉为"美国氢弹之父"的泰勒博士建议他放弃写实验论文,把主攻方向转到理论物理研究中。1957年10月,杨振宁与李政道联手摘取了该年的诺贝尔物理学奖。杨振宁在《读书教学四十年》一文中幽默地写道:"这是我今天不是一个实验物理学家的道理,有的朋友说这恐怕是实验物理学的幸运,要不然我还是个普通的实验物理学家。"

　　我们都在努力实现梦想,但是,你所选的方向一定适合你吗?在追求成功的队伍里,我们一定要避同求异,因为适合他人走的路,轮到你时,也许就是死胡同;他人学得饶有情味的科目,你未必感兴趣。所以,不要按照他人的模式来培养自己。求异思维告诉我们,要善于发现一条与众不同的适合自己走的路。

逆转思维

有这样一幅漫画：上面的鱼大都往一个方向游，只有一条鱼是往相反的方向游。这幅画有一个耐人寻味的名字，叫作《换个方向，你就是第一》。从某种意义上说，换个方向，就是换一种方式以便更快捷地抵达成功的彼岸。也许有人说你做事时三心二意、没有毅力等，不要去理会他们。为什么要一条路走到黑呢？那将是对人生最大的浪费。如果你不愿意做"垃圾"，就要找到自己的路，那才是实现自己价值的地方。

所谓：山重水复疑无路，柳暗花明又一村。无路之处正是转向之时，换个方向，未来也许就充满了希望！

决定你是什么的，不是你的能力，而是你的选择。

没有不委曲的生活

在我们固有的观念中，"直"是正道，那我们反过来思考一下，古往今来，取得最终胜利或是得以保全的人都是一味靠"直"的吗？只要你稍用逆思维来推理一下就会发现——做人不可太直，要懂得弯曲之道。

老子在《道德经》中说："曲则全，枉则正。"就是说能委曲求全才能保全自己；经得起冤枉，事理才能得到伸直、纠正。生活中到处都有委曲的道理：插秧时弯腰，才会有秋天的收获；

起跳时屈膝,才会有成功的飞跃;立交桥弯曲,却能缓解拥堵,提高行车速度;盘山道弯曲,却能减少阻力,有助攀登。

在自然界,小动物为了躲避天敌,也通晓委曲求全的策略。当刺猬身处顺境时会拱着小脑袋,凭借着满身的硬刺,横冲直撞。一旦遇到危险,它会立刻缩回脑袋,把自己团成一个刺球,让敌人无隙可击。狐狸若被猎人击中,就会迅速原地躺倒,全身瘫软,一动也不动。猎人以为它死了,就放在原处,到别处打猎去了。等猎人回来收集猎物时,狐狸早已跑掉了。

能伸能屈,与其说是生物界的一种智慧,不如说是一种生存本能。明代冯梦龙在其著作《智囊》中认为,人与动物一样,当其形势不利时,应当暂时退却,以屈求伸,否则,必将倾覆以至灭亡。周国平说:"人生原本就是有缺憾的,人们应该学会妥协。不肯妥协,和自己过不去,其实是一种痴愚,是对人生的无知。"妥协就是要退让,要弯曲,要默默承受,不针锋相对。可能很多人都觉得委曲求全等同于屈服,是可耻的。其实,转念想想,人只有先保存自己,才能洗刷耻辱,不是吗?伸是进取的方式,曲是保全自己的手段,适当地弯曲是为了更好地生存和发展。

千百年来,多少壮士豪杰因为不会弯曲而被杀死。1898年9月21日,"戊戌政变"当日,梁启超劝谭嗣同一起逃往日本公使馆,但谭嗣同不愿逃走,他认定:"各国变法,无不从流血而成,今日中国未闻有因变法而流血者,此国之所以不倡也。有之,请自嗣同起!"1898年9月28日,谭嗣同等"戊戌六君子"在菜市

逆转思维

口被杀害。谭嗣同在被砍头前还高呼口号:"有心杀贼,无力回天;死得其所,快哉快哉!"他要用血来给皇帝洗脑,来殉变法事业,向封建顽固势力做最后一次反抗。

谭嗣同的英勇让人佩服,但也不禁让人慨叹:若是那时他逃走了,或许就保存了资产阶级维新派的实力,为什么他不先保全自己呢?谭嗣同固然想用自己的行为唤醒人们的良知,激发人们的爱国之心,但人的生命只有一次,留得青山在,不怕没柴烧!

记得孔子和老子有段对话:

孔子问:"如何在乱世之中生存呢?"

老子说:"你看我的牙齿在不在?"

孔子说:"不在了。"

老子说:"那我的舌头呢?"

孔子说:"在的。"

老子说:"你明白了吗?"

老子的意思是说,牙齿坚硬容易毁坏,舌头柔软尚能保存,学会弯曲,才能活到最后。弯曲不是倒下,而是为了更好、更坚韧地挺立。弯曲是一种策略,是一种厚积薄发、自我保全的良策。就像路中央有块大石头挡住了去路,你应绕过去,而不是用拳头打开一条路,再穿过去。中国历史上有许多委曲求全的经典故事,"萧何自毁"就是其中一例。

萧何、张良、韩信被称为"汉初三杰",他们为汉高祖刘邦夺得天下立下了汗马功劳。三杰之中,张良早早归隐山林,韩信被灭三族，唯有萧何，居相国之位数十年不倒，得了善终。这不得不归功于他的"自毁"。

起初，刘邦在前线征战，每次萧何派的送粮使者来到前方时，刘邦都要问："萧相国在长安做什么？"使者说："萧相国爱民如子，除办军需以外，无非是做些安抚、体恤百姓的事。"刘邦听后却不说话。有个幕僚对萧何说："您马上就要大祸临头了。"萧何大惊。幕僚继续说："您现在已经做了相国，在大臣中，功劳排在第一位，还能再加以封赏吗？已经不能了！您当初入关中的时候，就深得民心，到现在十几年了，您的威望越来越高，老百姓都信服您，愿意跟您亲近！皇上之所以总来询问您的情况，就是怕您在后方颠覆政权啊！"听了这番话，萧何恍然大悟。为了化解刘邦对自己的信任危机，萧何大肆聚敛财富，时不时与民争利，"贪婪"得像换了一个人。当刘邦班师回朝时，老百姓纷纷拦路上书，状告萧何，刘邦一点儿也不怪罪萧何，反而将老百姓的状纸交给萧何，笑着对他说："你自己处理去吧！"此后，刘邦放松了对萧何的警戒，一直到彻底消灭了项羽，再也没有派使者前去"慰问"萧何。

应该说是幕僚的逆向思维保全了萧何。按正向思维来考虑，作为臣子越恪尽职守，越帮着君王安抚百姓，才越是对得起君王的器重。但反过来想，君王在外征战，最怕的就是臣子在后方获取了民心，从而威胁君位。所以说，并非臣子越清正越好。而萧何也是个明白人，他利用自毁打消了刘邦的猜忌。虽然有名声上的失，却有事业及生命安全上的得。

有人说:"我受不得一丁点儿委曲,我认为那是无能。"可是,反过来想一下,小命不保一切拉倒,像祢衡、孔融等人痛快了舌头,张扬了性情,却毁了立业大计。孰轻孰重呢?

在三国时期,魏国官吏王昶曾经训诫他的子孙:"屈以为伸,让以为得,弱以为强。"意思是说,若能以暂时的委曲作为伸展,以暂时的退让作为获得,以暂时的懦弱作为强大,就没有办不到的事。

人生之旅,坎坷多多,难免寄人矮檐,遭遇逼仄。如果碰到了这种对自己非常不利的环境,千万不可逞一时之勇,要及时转换思路,学会弯曲,也许它就是你人生的一个转折点呢。"宁折不屈"只会丧失所有的机会,让抱负难以施展。而在弯曲中默默地努力,才能慢慢走向成功。

智慧点读

弯曲但不折断,并不代表屈服,而是以屈求伸,寻求反弹的机会。

已经坚持了这么久,不怕再试一次

人生最大的悲哀不是失败,而是差一点儿就成功了。在日常生活中,经常听人说这样一句话:"差一点儿,我……"差一点儿得到,就是没有得到;差一点儿成功,就是没有成功。再美丽的作品，要是"差一点儿"勾勒与琢磨，终会黯然失色；再甜美的爱情，要是"差一点儿"呵护与浇灌，终会奄奄一息。这的确让人惋惜，令人遗憾。然而，太多的人就是在这差一点儿的时候，以为事情无法再继续了，已成定局了，而放弃了努力。是的，人生太多的遗憾就是因为在成功的前一站停了脚，因为这些停脚的人都在按最常规的路子思考——我已经付出这么多努力了，看来是没希望了。但是，此时你为何不逆向思考一下呢——我都已经坚持了这么久，再试一次可能就成功了。也许因为你这转念一想，你就没有了"差一点儿"的遗憾。

很多人使出吃奶的劲儿也没把一颗生了锈的螺钉拧开，轮到你，你可能试了几下就解决这个问题了。这是为什么？道理很简单，之前的人用了很多力气松动了螺钉，但就差拧开的那么一点点力量，而你拧的时候正好"接力"，因此螺钉就被你轻松地拧开了。不是你的力气比别人大，而是时机使你成为坚持到最后的那个"成功者"。多少业绩辉煌的成功人士，他们最初的成功都是源于"再试一次"的决心。

爱迪生是著名的发明家，他一生完成了 2000 项发明。其中研制白炽灯时遇到的困难是常人难以想象的。爱迪生在认真总结了前人制造电灯的失败经验后，制订了详细的试验计划，分别在两方面进行试验：一是分类试验 1600 多种不同耐热的材料；二是改进抽空设备，使灯泡有高真空度。他还对新型发电机和电路分路系统等进行了研究。

爱迪生将 1600 多种耐热发光材料逐一地试验下来，也就是说，失败了至少 1600 次。之后，他的试验又回到炭质灯丝上来了。他昼夜不息地用全副精力在碳化上下功夫，仅植物类的碳化试验就达 6000 次。一次次地试验，一次次地失败，很多专家都认为电灯的前途暗淡。英国一些著名专家甚至讥讽爱迪生的研究是"毫无意义的"。一些记者也报道说："爱迪生的理想已成泡影。"但爱迪生一次又一次地"再试一次"，终在 1879 年 10 月 21 日这天取得了突破性的进展——他用炭丝来做灯丝，竟能让灯连续使用 45 个小时。

爱迪生还是不满足，他要找到一种更持久耐用的灯丝材料。1880 年，他用竹丝材料使灯连续亮了 1200 个小时！当助手们纷纷祝贺他时，爱迪生认真地说："世界各地有很多竹子，其结构不尽相同，我们应认真挑选一下！"经过反复筛选，日本的一种竹子最适用，爱迪生等人便大量从日本进口这种竹子。不久，人们便用上了这种价廉物美、经久耐用的竹丝灯泡。1906 年，美国科学家又改用钨丝来做灯丝，使灯泡的质量再次得到提高，并一直沿用到今天。

想想看，倘若爱迪生中途选择了放弃，又怎么能有电灯的问世呢？凡事不可能一帆风顺，挫折与困难在所难免，如果一点小小的风浪就使你弃船上岸，一次小小的碰壁就使你裹足不前，一场小小的打击就使你放弃了一切的梦想和努力，那么，此生你能成就什么事情呢？反之，只要你不畏挫折，勇敢地再试一次、两次、三次，难题终有被破解的那天，成功也会来到眼前!

著名美籍华人艺术家、教育家、作家刘墉在《再试一次就成功》一书中说:"挖一口井,在你放弃之前,再试一铲!电话打不通,在你放弃之前,再试一次!计划不成功,在你放弃之前,再试一次!考试不过关,在你放弃之前,再试一次!网络上不去,在你认定机器有毛病前,再试一次!东西坏了,在你扔掉前,再试一次!有一天,每个人都说不可能打开的瓶盖,把它接过来,再试一次!有一天,每个人都说你没希望的时候,不要气馁,再试一次!很可能,你这一试,就成功了。"

在你屡战屡败的时候,在你心灰意冷的时候,在你竭尽全力却看不到希望的时候,也许不止一次地想到了放弃,但为什么不再试一次呢?你经历了多少次失败?一次、两次、三次,比爱迪生发明电灯时遇到的失败还多吗?所有的成功,其实都源于一点一滴的坚持。失败了,没关系,每个人都失败过。人生就是在不断地"再试一次"中前进,在"再试一次"中成功的。

你要勇敢地对自己说"再试一次",请不要给人生留下"差一点儿"就成功的遗憾。

世上没有所谓的失败,除非你不再尝试。

失去的其实从未真正属于你

人最纠结的是"得不到"和"已失去"。周国平在《生活的态度——不占有》一文中指出:"人的天性是习惯于得到而不习惯于失去的。我们比较容易把得到看作是应该的,把失去看作是不应该的不正常的。所以,每有失去,就不免感到委屈。所失愈多愈大,就愈委屈。我们暗下决心要重新获得,以补偿所失。"

你也是这样吗,丢了心爱之物会痛哭不已,一心想把它找回来?恋人跟你说拜拜后,你感到整个世界都塌了?你想要一些东西,却一直未能如愿?你不甘"得不到"和"已失去",却又无力将其挽回,于是你陷在痛苦中难以自拔?时间回不到开始的地方,对于已经错过的一些东西,不应再试着去挽留,错过就错过了;对于得到,你应该充满感激。因此,你何不逆向思考——把失去的当作不要的,或视为本来就不属于你的!

有个老人坐火车,不慎将刚买的皮手套掉到窗外。正当周围人为他感到惋惜时,老人出人意料地将另外一只也从窗口扔了下去。老人解释说:"这一只手套无论多么昂贵,对我而言已毫无用处了,如果有谁能捡到一双手套,说不定他还能戴呢!"

的确,失去的已经失去,何必为之大惊小怪或耿耿于怀呢?

懊悔、痛惜都不能让失去的东西回来，也不能感动上苍，后悔和计较只会加重悲伤，甚至还会让人失去更多。泰戈尔有句诗："如果你因为失去月亮而哭泣，那么你也将失去群星。"既然这样，最明智的做法是接受现实。

据说在一个偏僻的小镇，有一种特别灵验的泉水，喝下之后可医治百病。一天，有个只有一条腿的军人拄着拐杖来到镇上。当他向人打听泉水在何处时，对方问他："小伙子，难道你要向上帝请求再有一条腿吗？"军人淡定地说："我不是要向上帝请求有一条新的腿，而是要请求他帮助我，教我没有一条腿后该如何过日子。"

这位军人接受了残酷的现实，并勇敢地去正视它。泰戈尔诗云："我不愿乞求心灵上的创伤消失，但愿我能战胜它。"失去并不意味着失败，有了这样的心态才能成为生活的强者。

换一种角度来思索失去与得到，不难发现，失去是一种滋味，失去固然令人痛心，但失去不见得都是坏事。想想看，谁能保证那些失去的就是最好的、最适合你的？谁能保证那本就是属于你的？亦舒说："失去的东西，其实从未真正属于你，也不必惋惜。"难道不是吗？人常说，"命里有时终须有，命里无时莫强求"。有些东西不属于你，就是你抢也抢不来；有些东西注定是你的，你躲也躲不了。

再者说，你之所以一直以为得不到的东西是最美好的，可能是因为你对它了解太少，是不是？如果得到了，你没准儿会厌恶它，主动不要它了。

即便所失去的确实弥足珍贵，你也不要太伤心。大千世界，万种诱惑，而人生不过百年，精力和时间都是有限的，所能承载的东西也有限，什么都想要会累死的，所以该放就放，该舍就舍。

世间最珍贵之物，是"把握现在的幸福"。一切都不会像我们期待的那般完美，失去了不再回来，回来的不再美好。就如同那些从篮中掉下的鸡蛋一样，能捡起来的只有那些已经破碎的蛋壳。

人生不会总是在失去，也不会总是在得到，有失有得才是世间之规律。重要的是，得之惜之却不喜，失之受之却不悲。只要你追求过，努力过，付出过，又有何遗憾？

智慧点读

人生最大的悲哀，并不是昨天失去的太多，而是沉浸于昨天失去的悲哀之中；人生最愚蠢的行为，并不是没有发现眼前的陷阱，而是第二次踏进了同样的陷阱。

把对手当作激励你进步的"小伙伴"

有一种人你永远无法回避，他如影随形，敌视你、挑战你，因你的痛苦而快乐，因你的快乐而痛苦，注视着你前行的每一步，他就是对手。对于大多数人而言，对手永远都站在他们的对立面，是他们前进中的障碍,给他们带来了诸多不便和坎坷,还导致了他们的失败。他们对对手恨得牙根直痒痒。也许你也是其中一员,一直在埋怨社会太残酷,竞争太激烈,对手太强大!也许你还在幻想,倘若没有竞争,倘若没有对手,那该多好啊!但是,不妨反过来想一想:如果没有对手,你可能变得更加坚强吗?如果没有对手,你可能积极进取吗?如果没有对手,你能一次次地创新吗?

林肯小时候与哥哥一起用马耕地。不知为何,那匹马干活很慢,兄弟俩怎么鞭打也无济于事。突然,不知为何那马飞快地奔跑起来,一会儿就把地耕了一大半。到了地头,林肯发现有一只很大的马蝇叮在它身上,就随手把马蝇打落了。哥哥问他为什么这样做,林肯说:"我不忍心看着马被咬。"哥哥叹气道:"哎呀,正是这家伙才使马跑得快的啊!"那马没有了马蝇的叮咬,立刻复归原样,慢吞吞地不肯卖力。

1860年,林肯当选为美国总统。他任命参议员蔡斯为财政部长,这立即遭到许多人的反对。因为蔡斯权力欲极强,嫉妒心极重,且始终蔑视林肯,认为林肯的能力不如他。林肯给这些反对者讲了马蝇的故事,然后说:"蔡斯对我来说就是一只'马蝇',他会时刻'叮'我,使我不敢偷懒,如果我偷懒他就会让我难堪,对我造成威胁。"

一匹马如果没有被马蝇叮咬而疼痛难忍,就不会快跑如飞。同样,一个人要想更好地生存和发展,就必须有一个劲敌来磨砺自己。可见,没有必要厌恶、憎恨你的对手,而应该感谢你的对手。

逆转思维

这就是逆思维的意义——改变寻常心态，发现不一样的价值。

电视剧《康熙王朝》中有这样一幕：

康熙在即位执政60周年时，举行"千叟宴"以示庆贺。宴会上，康熙敬了三杯酒。第一杯敬孝庄太皇太后，第二杯敬众大臣和天下万民，第三杯居然敬他那些已经消失了的死敌。康熙端起第三杯酒说："鳌拜、吴三桂、噶尔丹、朱三太子他们都是英雄豪杰呀，是他们造就了朕，是他们逼朕立下了丰功伟业。朕恨他们，也敬他们，可惜他们都死了，朕寂寞呀。朕不祝他们死得安宁，祝他们来生再以朕为敌吧！"康熙的第三碗酒敬得在场所有文武百官动容，纷纷挥泪跪地高呼"万岁"。

如此重要的场合，康熙当众把最后一碗酒敬给自己的对手，这说明他深刻理解他们在自己成功路上起到的推动作用。

"棋逢对手，将遇良才"，说的是一种对抗的意境。失去对等资格的敌人，对真英雄来说无异于身处末路。对手犹如一面铜镜，能照出你的特征，也能激励你去不断学习，不断发展。在自然界中，没有天敌的动物往往最先灭绝，"腹背受敌"的动物则繁衍至今。人也是一样，如果你不想被消灭，就必须更强大，因为对手逼着你努力投入到"斗争"中。在你的成长过程中，竞争越激烈，对手越多、越强大，越是能使你的生活呈现一片生机，充满活力。因为一个强劲的对手，会让你时刻有危机四伏的感觉，会激发你更加旺盛的精神和斗志，会让你排除万难去克服一切艰难和险阻，会让你想方设法去超越，去夺取胜利。尤其是当对手强大到足以威胁到你的生命的时候，你一刻不努力，你的生命就会有万分的危险。正是他们让你真正认识到生存的艰难、残酷，让你在逆境中摔打而学会生存。

从某种意义上说，是对手加速了你的成长，促进了你的成功，而不是顺境和优越感，也不是朋友和亲人。朋友和亲人一直是扶助你、支持你的正面角色，而对手呢？有时候，哪怕你的朋友全部离你而去，你的对手却依旧"陪伴"在你的身边，用他们的尖牙利爪提醒你他们无时不在。这个"对手"可能是具体的人、具体的实体，也可能是困难、挫折、逆境、厄运，或是自己内心的阴暗……

所以说，你没有必要憎恨自己的对手。在你奋斗的征程中，是对手让你有了更高的奋斗目标，是对手让你有了更大的前进动力，是对手让你活得更有价值。

易中天说过这样一句话："要成功，需要朋友；要取得巨大的成功，需要敌人。"当你获得成功时，要感谢朋友的鼎力帮助，更要感谢对手的推动作用，而且后者比前者更为重要。因为是他和你展开了一场场精彩绝伦的对决，你们一起追逐，一起攀登，一起较量，一起腾飞。当你走在了对手的前面，看着眼前全新的五彩的世界时，也不要得意忘形，而要在胜利的旗帜下寻找新的对手，要永远记住曾经给你带来威胁的对手的名字，并向他表示感谢。

古人云："人生得一知己足矣。"而我想说："人生得一宿敌亦足矣。"

逆转思维

　　对手的存在，并不仅仅是个威胁，在很多时候，他还是激励你进步的"伙伴"。

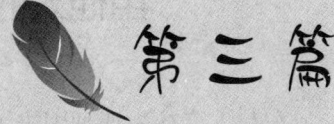

第三篇

由彼观彼，而不是由己观彼

有人的地方就有矛盾。矛盾的存在，常常是因为我们大多数时候都习惯于从自我感受出发，只顾及自己的得失和自己的心情，这是人类的自私心理在作怪。为了消除不和谐因素，减少彼此间的矛盾，我们应该学会逆思维思考，也就是说要懂得换位思考——由彼观彼，而不是由己观彼。能够设身处地替人着想，理解他人，同时，懂得一些与人交往的技巧，才会有别开生面的人际关系。

用他人的视角看待问题

在与人交往中遇到困难了,你可能经常从自己的一面去考虑,比如,"我哪里做得不好?""我还需要怎么做?"但你为什么不从对方那里找答案呢?比如,"他怎么看待这件事情?怎么看我?""他最怕什么?""他喜欢什么?""他的做事风格是什么样的,我如何做才能与他合拍?"这样一想,问题可能就迎刃而解了。

汉朝初建时期,北方的匈奴在冒顿带领下乘机南下,刘邦统率30万骑兵、步兵亲征,哪知在平城(今山西大同附近)被冒顿40万大军围困。七天七夜,几次突围均未成功。当时正值冬季,大雪纷飞,寒风凛冽,军中很多士兵被冻坏手脚。而且,军粮所剩不多。刘邦感到穷途末路,仰天长叹。这时,脑瓜灵活的陈平想出一条退兵计策。

陈平一面让军中画师绘制一幅秀色可餐的美人图,一面传令把军中所能搜罗到的金银细软统统集中起来。随后暗中下山,买通蕃兵,指名要见冒顿单于宠爱的阏氏。见到阏氏后,陈平先将金银珠宝献上,阏氏果然喜欢,一件一件把玩,爱不释手。陈平又把美人图展开。阏氏见画上绘着一个绝色的美女,不禁起了妒意,便问:"这幅美人图是干什么用的?"陈平说:"汉朝皇帝被困在白登山上脱不了身,没办法,打算把汉朝第一美女献给单于,换一条生路。您若能解了我们的围,我们就不会把美人献给单于了,情愿多给您送点儿金银珠宝。"阏氏说:"请你回去告诉汉帝,尽管放心好了。"

当天夜里,阏氏使出浑身解数,劝冒顿不要恋战,赶紧收兵。她说:"万一汉朝援军到了,就是一场恶战,况且输赢不定,你要有个不测,让妾身如何活下去?再说,中原多山,气候酷热,咱们水土不服……"这一番巧语花言说动了冒顿,于是冒顿命令围兵撤开一角,放走了刘邦。

这一富有浪漫色彩的"美人图救驾"的故事是否真实,并无人深究,但从这一趣闻中,我们悟出一个道理:此事能成功,全靠陈平的智谋,他听人说冒顿好色,身边总离不了美女,却并未按常规思路直攻冒顿——找一美女送给他,因为他知道这么做必会遭到冒顿阏氏的阻挠。冒顿阏氏是个出了名的醋坛子,常担心自己会失宠,所以冒顿每次出兵,阏氏都随侍左右,实为监督。陈平深知阏氏对冒顿的影响力,于是不采取迎合冒顿的策略,而是反其道而行之,从阏氏处入手,用送美女之计勾其醋意,再以金银珠宝利诱,结果问题得以解决。

在实际生活中,你有没有这样的困惑:

一张单子跟了大半年,不到合同签订的最后时刻不敢肯定合作者的诚意。

惴惴不安,惶惶半日,也猜不透老板的那句话到底是何用意。不知爱人为什么生自己的气。你多希望自己会揣摩术,一眼看透别人是怎么想的。不知道怎样让人对你说"YES(是)"。

逆转思维

当代国学、易学、佛学大师南怀瑾先生曾说过:"世间最难揣摩的就是人心,与人相处的学问一生也学不尽,这几乎成为我们处世的无间道了。"事情的瞬息变化,多是因人心的转念。在我们身边,每天都会上演一场场"攻心战"。只不过,有些人能够掌握技巧,逆着自己的想法,顺着对方的思路,办成自己的事情;有些人搞不清别人的想法,却执着于自己的需要,以至于对方取胜收兵时才捶胸顿足,悔恨当初没早一步看透人心。

如果你经常下棋,就会有这样的经验:要赢得这盘棋,除了看清对方的棋子如何布局外,还得看透对方的用意。若是连这个都看不明白,你就会稀里糊涂地被对方"将军"。同样,在与人交往时,我们也不能仅看表面,而要学会揣度其内心。

别以为这一切很难做到。如果你能转换视角,"坐到对方的椅子上",就能轻易抓住对方的思路,解读对方的心理,继而解决自己的事情。"坐到对方的椅子上"是一种换位思维,也就是说,不按着惯性思维只考虑自己,而是反向从对方的角度考虑问题,设身处地地为他人着想。换位思考也是逆思维心理的体现和运用。很多事情若是单从自身的角度来想,是很难得出一个合理的答案的,可如果换位思考就显得简单多了。

能从对方的立场考虑问题,弄清楚问题之所在,你也能胸有成竹地化解危机。

不顺着别人的思路,就无法发现隐匿的东西。若能得知别人的行为出于何种心理,我们就可以多一些主动权和胜算了。

智慧点读

能够设身处地为别人着想、洞察别人心理的人,永远不用担心自己的前途。

多为他人着想,少生事端

有个雕刻师,受邀到附近一村庄的寺庙雕刻一尊"菩萨像"。若去那里,必须经过一座山头和一片森林。恐怖的是,山里经常"闹鬼",很多晚上滞留在山区的人,最后都莫名地惨死了。雕刻师也知道这件事。但寺院那边催得很急,如果次日再动身恐怕误事,于是他不顾大家的劝阻,坚持只身赴约去了。

雕刻师走着走着,天就黑了,他突然发现前方路口坐着一个女人。仔细一瞧,女人一脸疲惫,草鞋也磨破了。雕刻师询问后得知,她和自己的目的地一样,便自告奋勇搀扶她一起同行。路上,女人问他:"眼看夜色更深了,你难道不怕我耽误你赶路吗?你不知道山中有女鬼吗?"雕刻师说:"我自然想快点翻过山去,可把你一个弱女子留在山中,你也不安全啊!咱俩一块儿走还能有个照应!"

他们走累了,坐在路边的大石头上休息。雕刻师见脚下有块木头,就随手捡起来,拿出凿刀等工具,看着女人,一刀一刀地雕刻出一尊"人像"来。

女人好奇地问道:"你在雕什么啊?"

雕刻师说:"你容貌慈祥,和菩萨很像,我就按照你的容貌来雕刻一尊菩萨!"

女子听后痛哭起来,因为她就是传说中的"女鬼"。多年前,她带着女儿路经此地,不幸被一群强盗奸污,女儿也惨遭杀害。她万念俱灰,跳崖自杀,化为"厉鬼",专在夜间取过路人的性命。她怎么都没想到,竟有人说她"面貌慈祥,和菩萨很像"。刹那间,女人化作一缕烟雾消失在夜色中。

第二天一早,雕刻师准时到达寺庙,人们都很惊讶他居然能在夜里越过山头。此后,这座山中再没有闹过鬼。

虽然只是一个传说,却让人感慨万千。想想,只要能"心存善念、待人如己",连女鬼也会被感化,从而弃恶从善。在这个人际关系复杂的社会中,很多人在与人交往时带着强烈的防卫心理,谨小慎微,害怕被人"骗了、坑了"而处处对人设防,少有人像"雕刻师"一样,能以"菩萨的心肠"来看待周遭的人与事。正因如此,人际间的感情淡了,矛盾多了。若能逆向思考,不将别人看作别人,而是将别人看作自己,并待人如己,设身处地地为他人着想,哪还会平生那么多事端呢?

有个从农村来的年轻人到城里打工。他买了一罐饮料,却不知如何打开。忽然,坐在他对面的女人也拿出一罐,并问自己的孩子:"你要喝饮料吗?"小孩还没说话,女人就在这个年轻人面前轻轻地拉了一下拉环,饮料打开了。年轻人瞬间明白了那个母亲的意思,他感激地对她笑了笑,轻松地打开了易拉罐。

这件事使年轻人明白了要待人如己,凡事要顾及别人的感受,尊重那些落难的人。后来,年轻人成功了,在谈起自己的成功秘诀时,他激动地说起了这件事。他说,他感谢那个女人给他上了人生中最重要的一课。

有很多人向张学良提出"题字"的请求,而他每次总是题写"爱人如己"四个字,即便是到了晚年,眼睛已经看不太清楚了,他照样能悬着手腕写下这几个字。"爱人如己"与"待人如己"如出一辙。

想象一下,如果全世界每一个人都能将其他人看作自己一般,那会是什么样的情景?

待人如己,就得善于用别人的心态做判断,不能用已有的个人"成见"干扰认知,更不能轻易下结论;待人如己,就得让自己置身于别人所处的环境中,与别人一起分享生活中的酸甜苦辣,从而产生心灵的共鸣;待人如己,就得真正地同情别人的不幸,理解别人的需要,而且在别人需要帮助的时候给予恰当的帮助。做到了这些,当你们之间出现矛盾时,你会惊讶地发现对方的行为也符合常理,也会明白原来横在双方中间的矛盾只是因为互相不了解。

待人如己是通向感情的崇高境界的必由之路,也是助你登上巅峰的坦荡大道。如果你能像对待自己一样对待别人,那么无论你的事业还是人生,都会有不一样的收获。

智慧点读

人的际遇不同，有些人一辈子顺遂，很难理解他人的艰难，如果有着待人如己的心态，就会对别人的遭遇感同身受。

做个"八面玲珑"的人不是坏事

我们先来做一个测验：

一天，你的上司突然对你说："你是我的得力助手，有能力，善创新，以后还要你多多协助我工作。这件事我们需要聊聊，我们到卡拉OK去，好吗？"你知道他是个K歌高手，而你五音不全。此时，你该如何回答呢？有三个选项：

A. 卡拉OK？行，咱们什么时候去？

B. 卡拉OK？我不会唱歌，咱们还是换个地方吧！

C. 说实话，我不太喜欢卡拉OK，若有机会陪你喝杯咖啡倒是求之不得。

你选哪个呢？下面，我揭晓答案，看看你属于哪类人：

选"A"的人通常重视人际关系，做事圆滑。因其爱逢迎他人，也容易导致同事对其有意见，被同事疏远。

选"B"的人性情耿直、憨厚，心无城府，但易得罪人。

选"C"的人最圆滑，既不伤害与上司的感情，又能表明自己的意见。

你属于哪类呢?

大多数人都爱把圆滑与虚伪挂钩,认为圆滑的人不是好人,也不招人喜欢,因此在行事时故意表现得直率,以为这样可以让人信任。其实,这样往往会弄巧成拙,招人反感。都说圆滑不好,那我们就逆向思考一下,不圆滑有什么好处吗?

朋友聚会时,你的一个好友穿了条她认为很好看的裙子,你却当着众人的面说"这条裙子不适合你"。你很实在,你表达了自己的真实想法,但你的朋友会高兴吗?

同事正在发言,用词不当了,你当众纠正,同事笑着答谢,你以为他真的感谢你吗?

这就是不圆滑的结果,这些结果真的给你带来好处了吗?当我们用逆思维思考的时候就会发现,原来不圆滑对自己没太多帮助,顶多落一个"实在"的评价,而这"实在人"却并不一定招人喜欢。其实,圆滑并非贬义词,而是个中性词,形容为人处事圆融,各方面都应付得很周到。圆滑的人考虑细致,能换位思考,能考虑对方的感受,就好像"逢人减岁,遇物增价"一样,这样的圆滑是善意的,是一种无恶意的奉承。这样的人能左右逢源,进退自如——这点不是大多数人都希望达到的境界吗?不知道你是否听过下面这个故事:

朱元璋建立大明王朝后,拥有天下,自然觉得豪情满怀,为了每日将他的万里江山尽收眼底,便招来宫廷画师周玄素,要他在大殿的墙壁上绘制一幅《万里江山图》,以显示自己的盖世伟业。周玄素一听吓坏了,这幅"万里江山图",可怎么绘好呢?他灵机一动,对朱元璋说:"臣不曾遍游九州,不敢奉诏。请陛下先草创一个规模，臣然后稍作润色。"朱元璋当即挥毫泼墨，草图构出，大势初成，朱元璋一面退后数步，自我欣赏，一面命周玄素："可为朕润色之。"周玄素却说："陛下山河已定，岂可动摇？"朱元璋一笑作罢。

周玄素实是聪明之极。他说"陛下山河已定，岂可动摇"，既迎合了皇帝希望江山永固的心理，同时也给自己不想作画找到了借口。一句巧妙的应答，不但让朱元璋没有怪罪他，还重赏了他。你瞧瞧，周玄素靠圆滑把这个棘手的问题处理得多好！

俗话说："伴君如伴虎。"若不圆滑一些，触怒龙颜，结果只会死得很惨。这里还有一个关于朱元璋让画师作画的故事。

一天，明太祖朱元璋让画师给自己画像。朱元璋长得真不敢恭维：长脸，尖下巴，眼睛深陷，颧骨凸出……一个画师原原本本地照其样子画了一幅像，结果被砍掉了脑袋。另一个画师一看这情况也不知如何是好，画得太像，前面就是榜样，画得太好看，又不似明太祖……他思索一番后，画了一幅乍一看不像，仔细一看又像的明太祖像。朱元璋看后大喜。

由此可见，要想八面玲珑、左右逢源，就得圆滑一些。能够根据当时的处境说出在当时最该说的话，做出最该做的事情，从而减少自己的麻烦和别人的不快，也不失为一件好事。

《我的前半生》一书中说："人际关系这一门科学永远没有学成毕业的一日，每天都似投身于沙石中，缓缓磨动，皮破血流之余所积得的宝贵经验便是一般人口中的圆滑。"为人处事不圆滑就说明你对社会还不太了解，等经历的事情多了，自然就会融入社会。

在处事圆滑的同时，别忘了为人以诚信为本。要圆滑就难免会说假话，然而，如果过了头那就成虚伪了，如果再损害别人的利益而使自己获利，那就是邪恶卑鄙的狡猾了。一个人过于狡猾，在与人交往时就是一种冒险，没人会放心与你交往，因为会担心你使诈。

如此看来，圆滑要有度，以不伤人为出发点，千万别变成狡猾。狡猾久了，会变奸诈；奸诈久了，会变阴险；阴险久了，会变得无情。那么，如何做个圆滑的好人呢？200多年前的纪晓岚已经有过很好的解释了。他认为做人要"处事圆滑，内心中正，不同流合污而为人谦和"。一个毫无主见，只会见风使舵、明哲保身的人，也不会得到别人的尊重。处事圆滑，就是做事灵活，既要执着，又要会变通；要突出自己，也要有团队的概念。"圆"乃策略，亦为手段。

你可能常常感叹"社会不公，小人当道"，可你是否想过可能是由于自己过于"刚毅"而导致人际关系紧张，由于自己缺乏变通而导致处事僵硬？若是这样的话，你是否有必要改变一下自己，做一个"圆滑的好人"呢？

智慧点读

不圆滑对自己没太大好处，顶多落一个"实在"的评价，而这"实在人"却并不一定招人喜欢。所以，不妨做一个"圆滑的好人"。

若人人只图自保，世界将变得怎样

一年冬天，天寒地冻，大雪阻碍了交通。一个男人冒着刺骨的寒风在山路上行走。后来，他碰到一个旅行家，于是两人结伴而行。为了节省体力，他们一路上都没有说话。他们不知道何时能到达有人烟的地方。半路上，他们看到一个老者倒在雪地里，气息微弱。老者哀求他们："带着我一起走吧，要不，一会儿天黑下来，我会冻死在这里的。"旅行家不耐烦地说："我们自身都难保，哪还顾得上你呢！兴许待会儿还会有人来的。"男人见老者可怜，只好自己背着老者向前走。旅行家见此，默不作声地走在了前面，没有等他俩。走了一段路后，男人累得气喘吁吁，全身被汗水湿透，可热气竟暖化了冻僵的老人，两人就彼此用体温取暖。

两个小时后，男人隐约看到前面雪地里躺着一个人。走到跟前，他仔细一看，原来是那个只顾自己活命的旅行家僵硬地倒在雪地里——他冻死了！

碰到陌生人落难，你会伸出援助之手吗？大多数人的想法可能都跟旅行家一样：事不关己，高高挂起。的确，花样翻新的骗局让越来越多的人只知"各人自扫门前雪，莫管他人瓦上霜"。这样的情况的确令人担忧，良知、道德、爱心越来越少，这种现象会让社会陷入黑暗，乃至崩裂。长此以往，我们基本不会再有同情心和助人心。然而，反过来想想，人生在世，谁不会遇到难处呢？假如你对别人的困难袖手旁观，当你遇到困难时还会有人帮你吗？

1964年3月13日凌晨3时20分，美国一个名叫朱诺比白的年轻女子行至纽约郊外某公寓前遇到了歹徒行凶。她大声呼救，附近有住户亮起了灯，把凶手吓跑了。没想到，过了一会儿，歹徒又折回来作案。朱诺比白再次呼救。遗憾的是，无人前来帮他，也没人报警，甚至有些人还打开窗户观望了一下。结果，朱诺比白惨死在歹徒的手中。

如果当时人们不那么冷漠，而是愿意出来帮助这个可怜的女孩，哪怕只是跑出来几个人呼喊一下，歹徒都可能被吓跑。然而，就是因为他们的"明哲保身"，一个年轻而鲜活的生命就此完结了。不管同伴死活，只求自己安全，此类事件时常在我们身边上演。

据美国华文媒体《侨报》报道，当地时间2010年5月16日晚，23岁的中国女留学生姚宇在繁华街区法拉盛被一名墨西哥裔男子拖入后巷强奸，并被一根金属管猛击头部50次左右。当姚宇颅骨粉碎后，凶徒又残忍地将铁管插入她的后脑。事发地点是闹市，可来往行人却没有出手相助，眼睁睁地看着悲剧发生。警察在调取录像时发现，当姚宇被拖进巷内时，有两三位行人就在一旁驻足围观，随即转身离去。姚宇尖叫呼救时，曾有多人路过，却无人停下来解救或报警。纽约华人社团联席会主席朱立创表示，在人来人往的闹市区发生这种悲剧，让他大感"不可思议"，也对民众的冷漠大叹"人心不古"。

不知这些因"冷漠"而造成的杀人事件，会不会强烈地撕扯你的神经，如果用"愤怒""憋屈"等词来形容看后的感受实在是苍白得有些可笑。

想起鲁迅先生写过的文章：一个杀头的场面，围观的都是中国人，却看着自己的同胞被杀，却个个面无表情。

你可能也有难言之隐以及诸多顾虑，比如，"我又不认识那个年轻人，没有必要帮他，况且，如果上去帮忙，将来说不定会遭到报复"。或许你承认自己是懦弱自私的人，面对丑陋的现实却只想逃避。或许你会给老弱病残让座，会帮迷路的小孩找到家，会给贫困的人一点点微薄的帮助，但当你面对的是穷凶极恶的歹徒，可能有生命危险时，而你的身后却有下岗已失去生存能力的父母、嗷嗷待哺的幼儿，所以你不敢无所顾忌、奋不顾身地冲上去。这都可以理解。然而，我们还是呼吁，应该多一些善心和正气，路见不平一声吼，救人于危难之中。你想过没有，当许多人成为鲁迅笔下的"麻木的看客"的时候，当大家都不再"多管闲事"的时候，当人们习惯于冷漠和旁观的时候，伤害也许会落到那些明哲保身、息事宁人的人身上？

人总会把别人对自己的态度"反射"给对方，冷漠也是这样。人人希望别人行侠仗义，却个个害怕惹祸上身。集体沉默的结果就是陷入恶性循环，先是个体的冷漠，然后发展为群体行为，相互影响，相互作用。在美国波士顿犹太大屠杀纪念碑上，一个叫马丁的德国新教神父留下了沉痛的忏悔之语："起初他们追杀共产主义者，我不是共产主义者，我不说话；接着他们追杀犹太人，我不是犹太人,我不说话;后来他们追杀工会会员,我不是工会会员,我不说话;此后他们追杀天主教徒,我不是天主教徒,我不说话;最后,他们奔我而来,再也没有人站起来为我说话了。"

看到了吧?今天的帮助就是为自己的明天祈福。帮助别人有时只是举手之劳,却能温暖别人一生,甚至使其幸福一生,有时可能无意帮了人,却为自己修了一条路。正如章子怡在《卧虎藏龙》里面说的:"一个人做了好事,总会有报答的,至于是在什么时候,那只有老天爷知道了。"

智慧点读

不要恐惧你的敌人,他们顶多杀死你;不要恐惧你的朋友,他们顶多出卖你。但要知道,因为有一群冷漠的人,只有在他们不作声的默许下,这个世界才会有杀戮和背叛。

你待人冷漠如冰,别人如何待你热情如火

有些人经常愤愤不平地说:"别人为什么这样对我?我哪里亏欠了他们?"如果你是其中的一位,看完下面这则故事,也许情绪会平静些。

一天,蜜蜂和黄蜂闲聊。黄蜂委屈地说:"我就纳闷了,咱们有很多相同之处,可为什么人们喜欢你,而讨厌我呢?还把我当作害虫!按理说,我可比你长得漂亮,我有一件漂亮的黄色大

逆转思维

衣，而你却成天脏兮兮地忙里忙外，我到底哪里输给你了呢？"

蜜蜂和蔼地说："你说得对。但我觉得人类之所以喜欢我，是因为我给他们蜜吃。而你为他们做了什么呢？"

黄蜂不屑地说："我为什么要为他们做事，应该是人类来为我做事呀！"

蜜蜂叹了口气，接着说："你希望别人怎样待你，你就得先怎样待人。"

你希望别人如何对待你？肯定不是抱怨，不是否定，不是诅咒，不是辱骂，那是什么呢？《圣经》中有句话与蜜蜂最后说的道理一样："你待人当如人之待你。"意思是，别人对待你的方式，其实是由你对待别人的方式决定的。这也是一种逆思维。不信？那就继续往下看。

有个学生问著名的李开复博士："为什么我不受欢迎，同学看到我都不打招呼，不对我笑呢？"李博士反问他："你跟他们打招呼吗？对他们笑吗？"——你待人冷漠如冰，别人如何待你热情如火？想要得到他人的友善，不妨先对他们表达出自己的友善。

另一个学生问李博士："为什么我总是认为同学对我不怀好意，想和我竞争？"李博士同样反问他："你对他们的态度又如何呢？你想和他们竞争吗？"——你将他人视为劲敌，他人如何将你当作队友？

有些人每天都在纠结着：讨厌别人的不友善，自己却还以不友善的态度对别人；厌恶别人背后嚼舌根，自己却常在人后说长道短，甚至造谣诋毁；憎恶恶作剧，却常拿别人开涮；鄙视不讲诚信者，自己却常失信于人……

　　别人对你的态度，全是你设计出来的，是你在无意识中教会别人的。最真挚的友情和最难解的仇恨都是由这种"反射"逐步积累而成的。比如说，如果你对人冷淡，别人也会回以冷淡；如果你经常批评别人，你也会受到许多的批评。你视人如草芥，人视你如寇仇；你看人不顺眼，别人看你也会气不打一处来。赠人玫瑰，手留余香。力的作用是相互的，人们的态度也是相互的。你所给予的，都会回到你身上。

　　有个亲善大使去非洲考察，回来后，他逢人便说那里的人是全世界最无情的：警察冷若冰霜，出租车司机态度蛮横，餐厅服务员傲慢无礼，连普通百姓都焦躁不安，对客人有敌意。后来，有人劝他再去那里时先改变一下自己的态度。他第二次去非洲时，不管到哪里都面带笑容，无论对谁都彬彬有礼。结果，他发现警察、司机、服务员、普通百姓各个脸上都挂着笑容，他们是那么亲切友善。他这才发现，改变别人态度最快的方法是改变自己的态度。

　　别人对你的态度，就是你对别人的态度，也是你做事情的结果。你没办法逼别人对你好，只有先对别人好，别人才会对你好。因此，要想别人对你微笑，先去对别人微笑；要想得到别人的拥抱，先去拥抱别人；要想得到别人的友善，先友善地对待别人；要想赢得别人的支持，先去支持别人；要想得到别人的赞美，先去赞美别人；要想得到别人的关心，先去关心别人。

　　你改变了自己，就改变了别人；你改变了别人，就改变了你的世界。

> 为什么世界上有镜子,人们却不知道自己是什么样的?想要知道自己什么样,那就看看别人对你的态度吧。

晴天留人情,雨天好借伞

《史记·货殖列传》中有句话:"天下熙熙,皆为利来;天下壤壤皆为利往。"大意是:"天下人纷纷扰扰,都为了利益而蜂拥而至;天下人哄哄闹闹,都为了利益而各奔东西。"司马迁一针见血地概括了天下人的本性,即多半围绕一个"利"字。

不可否认,有的人很有人情味,哪怕对方穷困潦倒,哪怕对方离职、退休,也不断绝与对方的来往,还保持原来的距离。但有些"势利眼"总在观察周围的情势,一旦发现对方失势,对他没有多少利用价值了,就迅速离开,表现得相当无情。

《史记·廉颇蔺相如列传》记载,廉颇是战国时期赵国杰出的军事家,与白起、王翦、李牧并称"战国四大名将"。他功绩卓著,被封为上卿,富贵冠极一时。廉颇一生,经历数十战,未有败绩,但是长平一战中,赵王误中反间计,以为廉颇无能,就用赵括接替廉颇的职位。廉颇被免职回家,失掉权势的时候,那些经常来拜访他的门客都不再登门了。后来,赵王再次起用廉颇为将,大获全胜后封其为信平君。廉颇的权势较往日更高更大,那些一度对他避而远之的人又一个个地主动上门来了。廉颇已看尽世态炎凉，十分气愤地对他们说："先生们都请回吧！"有个门客说："您的见解怎么如此落后？天下之人都是按市场交易的方法进行结交的，您有权势，我们就跟随着您，您没有权势了，我们就离开，这是多普通的道理，有什么可抱怨的呢？"门客的话说得明白、透彻、理直气壮，且一点也不含糊，实在是一语道破世人势利的心态。

同样的事还发生在著名的"四大君子"之一的孟尝君（田文）身上。《芦蒲笔记》卷七载：

"战国四公子"之一的孟尝君，礼贤下士，门下食客有三千余人。不料，因为受秦国和楚国的诋毁，孟尝君被罢免了相位，那些食客纷纷离开了他，没有一个理睬他的。后来孟尝君恢复职位。由于在大起大落中他识尽了门客的本来面目，便想以唾沫来羞辱那些势利的门客，被冯谖拦下了。冯谖说："富贵多士，贫贱寡友，事之固然。"孟尝君听从了冯谖的劝告，便不再恼怒了。

有俗语说："穷在闹市无人问，富在深山有远亲。"当你身居要职的时候，会有许多人主动来结交，此时门庭若市，一旦赋闲在家，那些和你交往的人就会疏远你。你看历史上那些帝王将相们，若是失势，要么家破人亡祸及九族，要么穷困潦倒孤寂而终。再看看我们的现实生活：有钱有势之时，呼朋唤友，风光无限；一旦没钱没势马上门可罗雀。

人们多半按照这种逻辑行事，趋炎附势实为常态，所以，在权贵者眼里，他认为这是你的趋利心，他也看不清谁对他真心、谁对他假意,更不会在众多攀附者中独独重视你。所以,积累人脉时不要一窝蜂地向权势靠拢,要独具慧眼,多点人情味。因此,不如逆向行事,在他人落难、失势时,不要冷落他人,而是像原来那样,甚至对他比原来更热情、热心。古人云:"冷庙烧香抱佛脚。"意思是,平时不烧香,临时抱佛脚,菩萨虽灵,也不会帮助你。因为平时你眼中没有菩萨,有事才去找,菩萨哪肯做你的工具?反之,平时常去门庭冷落的寺庙烧香拜佛,神佛定会特别在意。平时烧香,表明你别无所求,完全是出于敬意,而绝不是买卖。假如有一天风水转变,冷庙成了热庙,神佛还会对你特别看待的,也不会把你当成趋炎附势之辈。

现在,请你好好想想,在你的朋友之中,有没有怀才不遇的人?如果有,这就是"冷庙",你不要轻视这个朋友,平时要多给他打电话,逢年过节带些礼物去看看他。他也许不会礼尚往来,这不是他不懂礼数,而是暂时无力还礼,但他心中会记得你对他的好。在他落难时,一定有好多人离他而去,从此成为路人。而同情、帮助他渡过难关的人,他会铭记一辈子。所谓莫逆之交、患难朋友,往往就是在困难时期产生的,这时形成的友谊是最有价值、最令人珍视的。即便他身处困境,你若请他办事,他也会竭尽全力的。

人生际遇往往千变万化。俗话说:三十年河东,三十年河西。穷困潦倒的英雄是很多的,只要风云际会,就能一飞冲天、一鸣惊人。也许只要三五年的时间,就能使一个人从落魄走向发达。一旦他翻了身,他会加倍补偿你的。那个你曾帮助的人,反而成了你的贵人。即使你一无所求,他也绝不会忘了你的。由此看来,冷庙烧香,是有利而稳健的人情投资。常言道:"晴天留人情,雨天好借伞。"多结交潦倒的英雄,找些平常没人去的冷庙烧香,才更有助于你的发展。

智慧点读

一个会用逆思维做事的人,在平时应多结交些"潦倒英雄",这样才有助于自己的发展。平时不屑往冷庙上香,临到头再来抱佛脚已来不及了。

与人交往,"人情牌"打不得

我们经常听到这样的话:"我不想欠别人的人情"或"我不想欠某某的人情"。有人说:"这年头,欠什么也别欠人情,玩什么也别玩感情!"还有人说:"欠了人情债,有时得拿原则还,还不起呀!"这些话很耐人寻味。

你看过电视剧《家常菜》吗?在最后一幕,大款"厚墩子"因为一句"我这辈子不能欠别人的人情"而不惜放弃万贯家财,只为救出男主角刘洪昌,当面向他道谢。为什么人们都怕欠人情呢?因为钱可以慢慢还,感情可以慢慢培养,日子可以慢慢过,生活完全可以像烧锅里的红烧肉一样慢慢炖,但是"人情"这个东西会让人吃不下睡不着,每次看到那个施与人情的人,都觉得矮他三分。倘若你欠某人一个人情，不仅要还，而且要加倍地偿还，也就是所谓的"滴水之恩，涌泉相报"。问题是，有的人情能还，有的却说不清、躲不掉，想还却还不尽，让人有些内疚、有些后悔，慢慢地变成了心里的疙瘩。有些人甚至为此焦虑不安，还陷入自卑中。

比如，别人欠你人情，若下次他辜负了你，你说，"想当初我对你那么好，谁料到今日你竟如此待我！"只需一言，就会令他羞愧难当。即便你不说，他若做了对不起你的事，旁人也会在背地里对其指指点点："你看，那个人真是忘恩负义。"看到了吧，欠人情会让人产生多大的压力！

虽然人人都怕欠人情，若你让对方欠你人情，你不就掌握交际主动权了吗？这也是一种逆思维。我们来看看古人是怎样做足人情的。

唐朝皇帝李隆基亲自为手下将领煎药，在吹火时，一不小心烧着了胡须。侍从们急忙上前帮忙灭火，李隆基见他们都吓得心惊胆战，大笑道："但愿他喝了这药病就好了，烧坏胡须有什么可惜的呢？"

堂堂一国之君亲自为手下煎药，而且还燃着了自己的胡须，又说出那么感人至深的话，这真是天大的人情。李隆基把人情做得如此之足，哪个手下能不感恩一辈子呢？

不过，人情也是个让人欢喜让人忧的东西。下面这个人就是纠结于人情的苦恼中。

他叫张恒，刚到一家IT公司任职。一天深夜，他的女友头晕倒了,送到医院抢救时,大夫让他先交一部分押金。他身上根本没带多少钱。怎么办呢?他刚来到这个城市不久,认识的人寥寥无几。他翻开电话本,一眼看到了一块进公司的刘海的电话。张恒想都没想,就给刘海打了电话。接通后,张恒简要地把事情一说,刘海就痛快地说:"没问题,你等着啊,我这就去!"不到半个小时,刘海就来到医院,帮张恒垫付了住院费。

事后,张恒很感激刘海,还请他吃了顿饭。一次,有张大单子本来是张恒的,没想到刘海找到张恒,说:"能不能把这张单子让给我?"想到刘海曾经对自己的帮助,张恒答应了。虽然心里很不乐意,但又能怎么办?谁让他当初欠人人情了!这样的事情发生过不止一次。张恒为此烦透了。

在上述事例中,刘海因曾在关键时刻帮助过张恒,而掌握了交际的主动权。当他的业绩不理想时,只需一言,就让张恒将订单拱手相让。

讲这个事例是想告诉你,让别人欠你人情并不是要你以人情作为要挟对方的资本达到自己的目的。如果你像上例中的刘海一样,把人情当拐杖,那么你必然遭到他人的轻视。

人际往来中,无非今天你帮我,明天我帮你。你让他人欠你人情,就是在个人的感情账户里面投了"感情资本",在未来你有需要的时候就会有人帮你。也许更多的时候,你帮助对方,根本就没想到要对方还你这份人情。这样想就对了。因为倘若对方不讲情义,不在乎这份人情,你也不至于太寒心。

人情虽然不能明码标价计利息,但到了需要你还的那一天,你就是两肋插刀也未必还得起。

树怕剥皮,人怕激将

我们通常把找人办事称作"求人"。在生活当中,我们常常需要通过别人的帮助来完成某事。经过一番晓之以理、动之以情的恳求后,你可能发现自己根本不能说服对方。对方总有这样那样的理由拒绝你。如果你将办事的方法颠倒过来,用逆思维看待和解决这个问题会怎样呢?比如,你突然给他一个强烈的反刺激,以言相激达到你求人办事的效果。在这里,"请将不如激将"不失为一种极佳策略。

你也发现,有人难请,你越客气他越端架子。不如换个请法,激他一下,也许就会不请自来,这乃相"请"不如相"激"。所谓激将,就是在某些时候,你通过贬低、刺激他人,打击他人的自尊心、自信心,让他振作起来,接受你的意见和主张。在求人办事时,如果你故意贬低对方,看不起他,说他不行,借以激起对方求胜的欲望,也能使其超水平发挥自己的能力,从而达到你的目的。

激将的方法很多,最常用的是"直激法",就是面对面直接地贬低、刺激、羞辱、激怒对方。还有"暗激法",即有意识地褒扬第三者,暗中贬低对方,激发他压倒、超过第三者的决心。还有一种导激法,指的是用明确的或诱导性的语言,把对方的热情激起来。通过上述这些方法,让对方进入激动状态(愤怒、羞耻、不服、高兴)导致情绪失控,继而操纵对方,让对方感到不再是愿不愿意去干,而是应该、必须去干。

三国时的诸葛亮,在劝说孙权和蜀国联盟抗曹时用的就是暗激法。公元208年,曹操率20万大军南征。江东的孙权在抗曹与降曹之间犹豫不决。诸葛亮与刘备商量联孙抗曹。诸葛亮知道孙权年轻气盛,自尊心强。这样的人只有激,不可说。于是,诸葛亮在与其会面时大谈曹军兵多势大,他说:"曹军骑兵、步兵、水兵加在一起有100多万哪!"

孙权大吃一惊,追问:"这里有诈吧?"

诸葛亮一笔一笔算,最后算出曹军竟有150多万。他说:"我只讲100万,是怕吓倒了江东的人呀!"这句话的刺激性可谓不小,使孙权急忙问计:"那我是战还是不战?"

诸葛亮见火候已到,说:"如果东吴人力、物力能与曹操抗衡,那就战;如果您认为敌不过,那就降!"

孙权不甘屈辱,立刻反问:"照您这样说,那刘豫州为什么不降呢?"

此话正中诸葛亮下怀,诸葛亮进一步使用激将法,毫不犹豫地抛出一枚令孙权难以接受的重磅炸弹,他说:"田横不过是齐国一个壮士罢了,尚且能坚守气节,何况我们刘豫州是皇室后代、盖世英才，怎么能甘心投降，任人摆布呢？"

孙权勃然大怒道："难道我在你眼里，竟然是个贪生怕死之辈吗？"你看，孙权的火立刻被激了起来，他当即决定与曹军决一死战。

俗话说："树怕剥皮，人怕激将。"人最在乎自己的自尊、名声、荣誉、能力等。在求人办事的过程中，你故意贬低对方，看不起他，说他不行，就会激起他求胜的欲望，迫使他就范。在上述这个典故中，如果诸葛亮开门见山地邀孙权加盟，那么，结果就难以预知了。可他没有这样做，他故意激怒孙权，让他迅速做出抗曹的决定。

有个男孩想让妈妈给自己买一条牛仔裤。事实上，他已有一条了。因为怕遭到拒绝，男孩没有明确地提出这个要求，而是用了激将法。他很认真地对妈妈说："妈妈，你见过没见过一个孩子，他只有一条牛仔裤？"

这句话一下子打动了他的妈妈。事后，这位妈妈谈起此事，说到了当时的感受："儿子的话让我觉得若不答应他的要求，简直有点对不起他，哪怕在自己身上少花点钱，也不能太委屈了孩子。"

激将法就是利用逆思维心理，不按常理说服他，而是通过刺激他，激起其好胜心，让他自愿去做某事。尤其是对于一些倔强的人，这种方法更有效。反之，你越将他的力量夸大到极致，他反而越容易拿架子，或是起疑心，而不去做这件事。

激将法对脾气暴躁的人有效，对骄傲的人也管用，对自负的人也能有立竿见影的效果。比如，你越是不放心他办某事。他偏要证明给你看。当然，激将要根据不同的对象，采取不同的方法，你要考虑对方的身份、性格等，犹如治病一样，唯有对症下药，才有疗效。若是下错了药，就会适得其反，弄巧成拙。

另外，要采取激将法，注意在"激将"的过程中切忌带有侮辱性的话语出现，最好利用暗示，不要一激将人激怒了，否则会让你碰一鼻子灰。正确的做法应该是否定他的能力，从而激起他证明自己的欲望。

智慧点读

激将法就是利用逆思维心理，不按常理说服他，而是通过刺激他，激起其好胜心，让他自愿去做某事。

你不愿意做的事，别人也不愿意做

在现实生活中，有些人不会拒绝，不管别人求他做什么事，他都不考虑自己有多忙、有多累，就答应下来。可是，他们也会发现，当自己需要别人帮忙时，对方多半以各种借口推脱掉。

不好意思拒绝别人有各种缘由，这里就不说了。当你为了别人牺牲自己的时候，当别人变本加厉地让你的利益靠边站的时候，你要好好想一想当时所处的环境。勇敢地、真心地说出"不"吧！你拒绝别人，别人不一定会生气、会恨你，你也不一定失去一份友谊，因为人与人唯有互相尊重和理解才能达成和谐。如果你不加以甄别，有求必应，那么你会活得很痛苦、很无奈、很被动。

当代作家毕淑敏在其一篇名为《学会拒绝》的文章中说："古人说，有所不为才能有所为。这个'不为'，就是拒绝。人们常常以为拒绝是一种迫不得已的防卫，殊不知它更是一种主动的选择……拒绝是苦，然而那是一时之苦，阵痛之后便是安宁。不拒绝是忍，忍是有限度的，到了忍无可忍的那一刻，贻误的是时间，收获的是更大的麻烦与悲哀。"

不可否认，因为拒绝，你可能会伤害到一些人。但没关系，只要你找到了合适的"理由"，别人也不好意思再让你为难了。

有个农民工给老家的媳妇打电话："你赶紧借钱去吧，我打工时被砸了头，大夫说要不少医药费呢！"媳妇失声痛哭："你让我咋办？我跟谁借去呀？"他怒气冲冲地说："哭有什么用！还不抓紧时间给我凑钱去，要不我可能会留下后遗症的！"说完，他"啪"的一声把电话挂断了。

电话那头的媳妇愁眉苦脸，她家在村里是数一数二的穷，为此男人才出去打工，没想到刚到工地还不到一个月的时间，就出了这事。她踱着沉重的步子，勉强带着笑容、歉意，以及讨好等，四处借钱。村人知道她的来意后，找出了一大堆理由，总之——没钱。她跑了整整三天，街坊四邻、亲戚朋友都转遍了，一块钱都没借到。

她着急上火，嗓子肿了，眼睛也哭红了，她不知如何向男人交代。没想到这天傍晚，男人居然好好地回来了。她跑上前摸摸他的头，疑惑了："怎么头上一点伤都没有？你在电话里不是说自己被砸伤了吗？"

男人呵呵一笑，说："我是被砸了，但不是被砖头，而是被20万砸中的！告诉你吧，我花两块钱买了张彩票，谁知竟然中奖了，20万块钱呢！"说着他掏出一张崭新的存折来，"你看，交了税，余下的钱都存在这里呢！"她一把抢过存折，反复地看上面的数字，终于相信男人没骗自己。她又哭又笑地捶打男人："你神经病啊！既然这样，还让我到处借钱！你不知道借钱有多难！"

男人问："借到没有？"

她说："别说乡亲，连几个亲戚都说没钱。"

他一拍大腿，咧开嘴大笑道："好！这回脸面都撕破了，看他们以后谁好意思找我借钱！"

前面我们讲过一个道理——别人怎么对你，取决于你对别人的态度。反过来，你怎么对别人，也取决于别人对你的态度。在上面那个案例中，穷困潦倒的男人在中大奖后，为了试探人心，决定假装出现意外，让妻子向他人借钱。他知道，在危难关头，谁肯向他伸出援手，下次当对方落难时，他也会责无旁贷地帮助他。可别人都不乐意把钱借给他们。这下好了，用他自己的话说："这回脸面都撕破了，看他们以后谁好意思找我借钱！"

你不愿意做的事情，往往正是别人也不愿意做的事情。当有些事你知道自己确实不想做或做不了的时候，不如逆思维思考一下，先对方一步，向对方开口求助，倘若对方拒绝，你便也有了拒绝的理由，甚至直接就打消了对方的求助心。

逆转思维

采用逆向思维的方式拒绝是一门艺术，需要我们慢慢学习。换个方式拒绝，别人想要求你，也会觉得不好意思了。

不过，出门在外，谁都有求人的时候，当别人向你求助时，应尽量大度地伸出你的手，一旦你冷漠了别人，别人也会冷漠你。同样的道理，当你不得意时，若是对方能帮你渡过难关，哪怕是些许慰藉，下次对方有求于你时，你也不可袖手旁观。

智慧点读

> 你不愿意做的事情，往往正是别人也不愿意做的事情。当有些事你知道自己确实不想做或做不了的时候，不如逆思维思考一下，先对方一步，向对方开口求助，倘若对方拒绝，你便也有了拒绝的理由。

人们通常都是被自己说服的

在日常生活中，人们常常遇到这样一种情景：在与别人争论某个问题时，分明自己的观点是正确的，但就是不能说服对方，有时还会激化矛盾，让人误解。分析其中缘由，可能有三点：一是人们通常会先想好几个理由，然后再和对方争辩；二是人们将自己放在正确者的角度上，并以教训人的口吻，告诫、指点对方如何做；三是不看场合、时间，就劈头盖脸地批评对方，强迫其接受自己的观点。这些做法都起不到理想的作用。如果改用委婉的方式，就可能达到春风化雨、潜移默化的效果。如果这些都不行的话，那就采用逆思维，不再费劲地说服他，而是巧妙地让他自己说服自己。

现在你思考这样一个问题——在诸多成功的说服事件中，你认为对方到底是被谁说服的呢？心理学工作者曾拿这个问题问过很多人，他们的答案出奇地一致：当然是说服他的人啦！这就是问题的根源！其实，人们通常不是被他人说服的，而是被自己说服的，说服者只是起了引导的作用。想想看，是不是这样呢？

不知哪位名人说过："人不可能被别人说服，除非他自己说服自己。"为什么自我说服更有效呢？因为在自我说服的过程中，人们的参与感加强，更赞叹自己所秉持的态度和观点。

早在1947年，心理学家勒温就做过相关实验。他把实验人——家庭主妇分为两组。他让第一组看一段长达45分钟的演讲，演讲者在强调吃动物内脏的诸多好处。对于第二组，他只问了一个问题——"你觉得自己的家庭应该吃动物内脏吗？"然后，给她们45分钟的时间讨论。结果表明，第一组只有3%的家庭主妇愿意吃动物内脏，而第二组有32%的家庭主妇觉得应该吃动物内脏，可见在自己说服自己时更能使人们改变态度。

那么，如何让对方说服自己呢？这就需要在对方犹豫、彷徨的时候，及时提供让他自己说服自己的"证据"或"理由"。

从前有个山大王，抢来了一个绝色美人，央求她做自己的压寨夫人。美人不从，几天几夜不吃不喝，以死抗争。山大王好言相劝："我绝对不会亏待你，保证你吃香的、喝辣的，金银珠宝不用愁!"他还当着全寨兄弟的面保证,自己绝不会娶二房。可是,美人仍不为所动。最后,山大王失去了耐心,他恶狠狠地对美人说:"你不同意也罢,我把你姐姐抢上山来,再将你其他家人全都杀掉。"说完,山大王拂袖而去。

美人一想,不能因为自己毁了全家呀!所以,就答应了山大王做压寨夫人。

当然,举这个例子并不是让你在说服不了对方后用威胁等手段,只是想提醒你,当你的言辞没有发挥效力的时候,要找到对方的穴位,给其留下自我选择的余地,让他自己说服自己。

让对方自己说服自己时,还可以默不作声,不采取任何手段,让其慢慢醒悟过来。

张蓝枫和李涛关系挺好的。可是,小刘看不惯李涛和张蓝枫来往密切,有意制造矛盾,使二人关系逐渐疏远。张蓝枫找李涛解释,李涛也不听。见自己说服不了李涛,张蓝枫只好作罢。过了一段时间,李涛得知小刘的一些小人行为,联想到自己与张蓝枫之间的事情,又有意试探小刘,他才发现自己真是看错了人,误会了张蓝枫。李涛主动找到张蓝枫,二人开诚布公,终于重归于好。

你是不是也遇到过越描越黑的事情?其实,与其费尽心思地解释、说服,不如晾他一段时间,让他自己去发现真相。人的思维很奇怪,你越是直接告诉他正确答案,他往往越不相信,所以,有时不必采用正向的引导,让对方花费一定代价,你的说服工作才能更有效。

不管你用哪种方式，都要让人自己说服自己，这样，才能彻底地让其改变。否则，他可能口服心不服。为什么？因为我们相信自己验证的信息才是可靠的、可信的。人人都是如此，你也是这样。

智慧点读

> 人不可能被别人说服，除非他自己说服自己。当你的言辞没有发挥效力的时候，要找到对方的穴位，给他留下自我选择的余地，让他自己说服自己。

有缺点的人才更容易被人接受

一位著名的心理学教授曾做过这样一个试验：

他把四个人的访谈录像放给被测试者：第一位是位成功人士，接受采访时，表现得非常优秀，谈吐举止恰到好处，不时地赢得台下观众的阵阵掌声；第二位同样是位成功人士，但他在台上的表现有些紧张，甚至把咖啡杯打翻；第三位是普通人，虽然在台上很放松，但是言之无物；第四位也是位普通人，状况更糟，不光说不出什么出彩的话，因为过于紧张，还把咖啡杯打翻。

录像播放完毕，教授让被测试者选出最喜欢和最不喜欢的人。毫无疑问，大家最不喜欢的就是第四位先生。但最喜欢的，却不是第一位谈吐不俗、无可挑剔的先生，而是第二位打翻了咖啡杯的先生。

这个实验让我们看到了心理学上一个著名的效应——"出丑效应",又叫"仰巴脚效应"。这个效应其实就是逆思维思考的结果。为什么这么说?因为在每个人心里,努力塑造优秀完美的自我、不愿意把缺点暴露出来是最正常不过的思维,人人都想维护一个好形象,然而,此效应正是让你背弃以往的想法,通过出丑达到受人欢迎的目的。这种反向思考的确是有作用的。一个能力超群的权威人物,身上的缺点或行为上的失误反而能够增加他的吸引力。道理很简单,权威人物的"丑处",会让人觉得他也会"食人间烟火,犯人间错误",从而更具贴近感和真实感,而不是高高在上的"完美之神"。正是这种贴近感和真实感,增加了权威人物的魅力。

美国有位总统在庆祝自己连任时开放白宫,与一百多个小朋友亲切"会谈"。

10岁的约翰问总统:您小时候哪一门功课最糟糕,是不是也挨老师的批评?总统告诉他:"我的品德课不怎么好,因为我特别爱讲话,常常干扰别人学习。老师当然要经常批评的。"他的回答,使现场气氛非常活跃。

这位总统的话紧紧抓住了小朋友的心,使小朋友认为总统和他们是好朋友。即使场外的大人们看到这样的对话场面,也会感到总统是一个亲切的人。从心理学角度分析,这位总统展现的不仅是亲和力,更是人际关系中"同理心"的特质。他利用这种特质,透露给儿童他的过去和他们一样,也常被老师批评,但是经过自己的努力，也会成长为有用的人。他自曝己丑，其目的不仅是拉近和小朋友间的距离，便于沟通，同时也塑造了一种在美学上称之为"缺陷美"的形象。

一个高高在上的人物，如果敢于承认自己人性上的瑕疵或表现出与大众并无多大区别的一面，他将比神圣而高不可攀的人更讨人喜欢。

政客由于意见不一，很容易遭到别人的攻击，但有一位政客运用"出丑效应"化解了一次危机。

有一次，一位不怀好意的记者前去拜访他，记者希望能在这次拜访中获取一些有关他的丑闻资料。对于记者的来意，政客心知肚明。对于这位不速之客，拒绝肯定不行，怎么办呢？很快，这位政客想到了解决办法。见到记者，这位政客很是冷静。他让记者坐下来，说是要慢慢聊。见他如此冷静，记者暗暗佩服。

坐下不久，侍者端上了咖啡。政客迫不及待端起杯子就喝。"天哪，好烫！"政客大叫一声，马上扔掉了杯子，咖啡洒了一身。侍者赶忙帮他收拾，政客冲记者尴尬地笑了笑。记者眉宇间舒展了许多。这时，政客拿起了香烟，记者看到他竟然将香烟倒着插进嘴里，然后打着打火机，准备从过滤嘴处点燃香烟。记者赶忙善意地提醒他，政客慌忙把烟拿正，连忙向记者表示谢意。

看到政客一连串狼狈不堪的样子，记者忽然觉得不那么反感他了，甚至觉得和政客间亲近了很多。

通过暴露自己的一些小缺点，淡化自己的光芒，打消别人的反感，这个政客不可谓不聪明。

我们大多是普通人，在与人交流时千万别把自己塑造成一个完人，这种人不仅容易让人感觉不够真诚，还容易给对方造成一种压迫感，令人产生自卑心理，甚至可能引起对方的嫉妒和敌视。一个过于高大、完美的人物一般会让人敬而远之。所以，与人交往时不必刻意保持完美的形象，坦诚自己的某个小缺点或过去的某个小过错，会更有效地提升你的亲和力，增强别人对你的亲近感。

智慧点读

在每个人心里，努力塑造优秀完美的自我、不愿意把缺点暴露出来是最正常不过的，人人都想维护一个好形象，然而，"出丑效应"正是却让你背弃以往的想法，通过出丑达到受人欢迎的目的。

相信人性本善，别总把人往坏处想

有个女人为了方便照顾上中学的儿子，在县里租了间房子。院子里住着好几家。一天，她晚上下班回来，发现晾在院子里的衣服不见了。难道是风刮走了？她寻遍了整个院子也没找到。看到邻居的门敞开着，她想：会不会是这家的老太太收自己的衣服时，顺手牵羊拿走了我的衣服？想到这里，她站在门口往里看，一眼就瞧见自己的衣服在老太太的沙发上放着。她怒气冲冲地走进去，一把抓起自家的衣服，阴沉着脸就往外走。老太太从里屋出来说："下午的时候刮大风，我怕下雨，就帮你收进来了……""收错就是收错了，还卖好！"她没继续听老太太解释，摔下这句话就走了。此后，她不再理老太太，认为她行为不检点。

一个月后的一天，在厂房埋头工作的她听到外面雷声阵阵，一场大雨将至，想起晒在外面的被子。她心急如焚，连忙请假回家。一路上，她顶着强风艰难地骑着自行车，心里还担心被子要是淋湿了怎么办。快到家的时候，大雨倾盆而下，她急得直跺脚。她扔下自行车，飞快地跑进院子里。"咦，被子呢？"她看到绳子上什么都没有。这时，老太太抱着被子从屋里出来，笑着对她说："我今天又收错被子了！"她的脸顿时绯红。

当有人背着你做了某件事情时，你的第一反应是不是觉得这事是对你不利的，或者说，马上先想到对方目的不纯、不怀好意？在没有沟通的情况下，大多数人都习惯于将对方做事的初衷假想成恶意的，这是我们的思维定式，而正因如此，我们时常会像上例中的女人一样冤枉好人，也时常让我们在与人相处时惴惴不安。

习惯于把人往坏处想，这是现代人的通病，但为什么不能将思维逆转，把别人往好处想想呢？你可能会说，"防人之心不可无，我凭什么相信他？"那么请颠覆一下思维，将其置换成："我凭什么不相信他？"把人往好处想，与人为善,对人对己都有好处：第一，把人往好处想，自己就少了一份紧张和顾虑，心情会比较轻松，可以拥有简单的快乐。第二，把人往好处想，对方会有被理解和尊重的感觉，你的善意也会净化对方的心灵，使彼此多信任，相处起来关系会更加融洽，也会避免一些不必要的误会。

有个女人半夜打车回家，坐上出租车时才发现手机居然没电了。"这深更半夜的还有生意，今天运气真不错！"司机说。女人刚想说话，司机又"嘿嘿"地笑了下。这一笑，顿时让女人毛骨悚然。她又看到他右脸有道刀疤，更加惶恐不安了。

一路上，司机聊起了炒房、炒金、炒股，她都默不作声。司机感到唱独角戏太没意思，最后也不说话了。转眼到了该拐弯的路口，司机却径直开了过去。女人赶紧说："师傅，你走错了！应该拐弯的！"司机说："那儿正在修道，要绕一下。""怎么会呢？我早晨上班时还好好的呢！"她小声嘟囔着。窗外的景色越来越荒凉了，她认定司机不是个好人，是早有预谋。她想打开车门跳下去，又怕有生命危险。过了一会儿，窗外出现了她熟悉的街景。她松了一口气。这时，司机说："我脸上的刀疤是跟歹徒搏斗时弄的。做我们这行的不容易，最希望能多拉几个客人，不光是图挣俩钱，也想有人能说个话。"她羞愧地低下了头，为刚才自己的想法感到内疚。

遇人遇事，防备之心不可无，但也别因此走上极端，看谁都像坏人。提高警惕的同时，也别一味地被这种紧张情绪控制，要把对方往好处想想，表现出信任，就算对方真有不良的念头，也可能会因你的信任而在潜意识里逐渐按照你所期待的去做。《我的青春谁做主》中的高齐说过一句话："好人都是被架上去的，一旦架上去就下不来了，所以就只能一直当好人。"你说对方是好人，即便他自己没想做好事，但已经被你冠上"好人"的名头，碍于面子，他也只能好事做到底了。

法国著名文学家雨果在其名著《悲惨世界》中讲述了这样一个故事：

冉·阿让从苦役场里逃出来，无处可去，被神父收留了一夜。吃饭的时候，冉·阿让问神父："你为什么相信我？"神父平静地说："只有我相信你，你才能相信我。"神父相信冉·阿让改邪归正了，但遗憾的是，冉·阿让劣根难除，走的时候卷走了神父的银蜡烛台等物。后来冉·阿让再次被抓，神父不计前嫌，依旧伸手搭救，毫不计较之前的事情。神父的举动令冉·阿让幡然悔悟，他不再抱怨世界的不公平，还救助了一个妓女，最后他做了一个小城的市长，又救助了巴黎公社的起义青年。

人都是感情动物，只要坚持以诚相待，相互接触久了，总能取得一部分人的认同与信赖。把人往坏处想，会使自己心情很坏，也使对方心情很坏，人也会因此变得更坏。把人往好处想，你就不会自寻烦恼了，对人的态度会更好，别人对你也会更好。

想想身边的一些人，很多人其实是好人，偶尔有一点点坏，有一些自私，也是可以原谅的。纵然对方不好，"天作孽尤可恕，自作孽不可活"，总有一天他会得到应有的惩罚的。

当然，把人往好处想的同时也要学会甄别。信任别人是良好人际关系的基础，但没有原则地信任则可能放纵不良行为。对于那些奸诈小人，我们还是要多留个心眼，在希望用诚意感化他们的同时，也要防备被他们暗算。

总之，凡事不是一成不变的，在某种情况下，会相互转化。

逆转思维

有可能一个"好人",偶尔也会做一点出格的事情;"坏人"也会偶尔表现得很礼貌,做一些好事。关键是我们要把握好与人相处的态度,不要与谁相处时都抱着防卫的态度,不要把所有人都想象成坏人,多把人往好处想。你的态度是好的,别人的态度一般也都会是好的。"我看青山多妩媚,料青山见我应如是"。常把人往好处想,世上便多了无数可爱的人。

智慧点读

不把别人想得很坏,对待别人时才能有好心情。对别人有好心情,才能使别人有好心情。

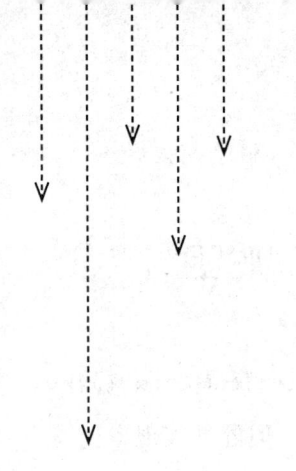

 第四篇

职场求存，

有些事不是你想的那样

　　如何在风云变幻的职场站稳脚跟呢？如果突破常规思维的框框，有意识地运用与传统思维和习惯"背道而驰"的逆向思维方法，比如以"出奇"去达到"制胜"，以"无为"去达到"有为"，就会成为一个真正的专业人士。

最大的罪过是你比其他人"聪明"

职场上，人人都想表现得比别人聪明，以期获得关注和提升。没错，聪明能干的人确实有更多提升的机会，但处处表现自己，却未必是真聪明。按照正向思维，凡事都要强于别人就是聪明了，其实并非如此。人心复杂，我们不可用简单的外在表现来衡量谁更聪明，要以"智商加情商"的综合实力来比拼谁更胜一筹。我们不妨反过来思考一下，处处显示自己聪明的人，招人喜欢吗？若是不招人喜欢，没有立足的根基，说明情商不足，又怎么能算得上聪明呢？职场上，太过聪明有时是种危险。

刘新是一家公司的部门领导，平时待人处事十分得体，就是有个习惯——每当别人向他请教问题或想了解一些情况时，他的态度总是"一问三不知"。了解他的人都知道，他并非什么都不清楚，而是不想向别人透露。这到底是为什么呢？

刘新说："有时装装傻能赢得别人的信任，从而有利于工作的顺利开展。我偶尔还会反问对方：'那你是怎么看的？'这样，就反过来发掘了别人的资源，也使别人有一种被尊重、被关注的感受。"

像刘新这样的"装傻"，其实是非常聪明和含而不露的表现。处处都表现得比别人强的人未必就有好运。站得越高，越容易成为攻讦、嫉妒、陷害的标靶；能力越强，需要解决的麻烦就越多；做得越多，做错的可能性就越大，树敌就越多，越容易使自己立在风口之上。

有些事情不要太较真，装装糊涂没有错。这既是给人家留面子，也是为自己找台阶。

聪明是天分，但聪明到不被他人认可的境地，却是一种愚蠢。在职场，"笨"不是最大的罪过，最大的罪过是你比其他人聪明。太聪明，不小心触犯了他人的利益，就犯了大忌。《红楼梦》中的王熙凤"心性又极深细，竟是个男人万不及一的""天下人都叫她算计了去""真真泥腿光棍，专会打细算盘"……这般聪明混在贾府这个大职场环境中，呼风唤雨，使尽各种计谋，算计各种人，到头来也只换来了贾府上下人等的不满，落得个"机关算尽太聪明，反误了卿卿性命"的下场。看看身边那些人缘最差的同事吧，他们通常不是公司里最笨的，而是那些自以为很聪明的。

即便你确实聪明至极，也请你懂得逆向思考，看到处处表现自己的弊端，学会偶尔装装傻。当然，你要在做事时聪明，比如提高绩效，争取更多客户，为公司创造更多更大的利润。这几点绝不能含糊。但在与同事打交道时就要适时糊涂，比如：同事不知道的学问，你千万不要在他跟前卖弄；不直接犀利地指出同事的错误……

刘备枭雄，素怀争霸天下之志，但曹操煮酒论英雄，问他当世英雄为谁时，他却东指西指，装出一副傻乎乎的样儿。

聪明过头的人不聪明，学会装傻的人并不傻，要适当收敛起自己的锋芒，迂回地表现自己的聪明与强势。

智慧点读

"装傻"这件事，如果做得好，就叫作智慧；木讷这件事，如果做得好，就叫作深沉。

不怕被"利用",就怕你没用

我们经常会听到周围的同事或朋友抱怨:"我们就是被老板利用的工具,就是为他们赚钱的机器。"事实上,这种抱怨整个职场司空见惯。的确,大多数人都不沿着习惯性路线思考,认为高高在上的老板们就是剥削者,而自己因为没有能力反抗,只能受其支配,被其利用,唯一的发泄方式就是抱怨几句。

对于职场人来说,这不是良性的思想,更不是正确的心态,这种思维方式只能让你消极地对待赖以生存的职业,使得个人能力难以提高,更难有创造性的飞跃,而只能终日沉浸在这种压抑的情绪中。其实,如果你善用逆思维思考的话,就会发现,能被"利用"反倒是一件非常有益的事。能被利用说明你还有用,这是你生存和骄傲的资本呀!如果你连被"利用"的价值都没有,岂不是连生存都无法保障?所以说,在职场,不怕被"利用",就怕你没用。人的价值只有通过被他人"利用"才能体现出来。不被他人"利用"的人,是没有价值的人。被"利用"的时候,也正证明了你的价值所在。当你没有"利用"价值时,别人只会当你不存在。

企业和员工就是互相"利用"的关系,企业给员工提供一个施展才华的平台,而员工得给企业创造利润。试问,在同一家公司、同一个部门,若是每个人都用同样的方法、同样的模式来工作,那么你的优势体现在哪里呢?你用什么来和别人竞争?你有什么能力得到企业的重视,从而去"利用"你的能力产生价值呢?

有人说，我工作踏实认真，这就是我的优势，不是吗？这些难道不是职场人必须具备的基本素质吗？

唯一的最有效的方法，就是你足够优秀，有可以被别人"利用"的地方，别人觉得用你可以带来新的价值，而且比其他人带来的更多，且代价更小。这就需要你成为公司里那个不可替代的员工。就是说缺了你，公司运转不了。这是一个人能力的体现。

当然，企业文化和具体人才还有一个匹配度的问题，也许你特别优秀，然而不适合这家公司，但是，毫无疑问，只要你有"利用"价值，就有你的用武之地。

在职场，要善于向别人尤其是你的老板体现你的"可应用价值"。你必须让自己有"利用价值"，帮助同事排除障碍，协助他们成功。

美国纳尔科公司全球副总裁兼大中华区主席叶莺说过："作为一个职业经理人，或是专业人才，最重要的一点就是你必须有被'利用'的价值。就是说，你能够为这个企业带来什么样的价值，而这个价值必须是增加值。因为当你进入这个企业的时候，这个企业对你也有一定的付出。你的工资、福利以及一切支持你的设施，这个是X。而你的增加值是Y，当Y跟X对等的时候，你没有增加值。所以Y一定要大于X，你才有增加值。同时，你才有被'利用'的价值。"

展示价值或被"利用"了价值后，你还要不断地创造自身价值。如果你能不断地创造更大的"被利用价值"，就很容易获得提升机会。如果你不知道自己有何价值，怎么去符合企业的需求？怎么让别人去了解你？你努力做好自己的本职工作，而且要绝对胜任。你应该不断地充电,永远保持自己那份被人"利用"的价值。

职场很现实,没有一技之长,很难真正立足。你具备了某种可被企业赏识的才华,企业才会安排你更多的工作,赋予你更大的施展空间;同事与你相处融洽、认可你的能力,才会频频找你沟通商量要事。同时,你必须充分地了解你的互补者,这对增强你的影响力是有帮助的。

要靠自己的努力,赢得大家的认可。通过自身升值,让企业永远舍不得你,或者被一个企业"利用"完了,还能被其他企业所"利用"。你能够给企业带来价值的同时,也体现你的个人价值。

你若认为我说得有道理,不妨再想想下面三个问题:

1. 你现在有多少可以被别人"利用"的地方?

2. 你现在被多少人"利用"?

3. 如果他们这时不"利用"你,是否可以"利用"其他人?

第一个问题会告诉你,你有多少专业技能。

第二个问题会告诉你,你的影响力有多大。

第三个问题会告诉你,你的核心竞争力在哪里。

虽然本文写得很直白,但是我相信它符合现实。现在就去发现你的核心价值是什么,有什么价值能被别人"利用",然后再"利用"这个价值开启成功的大门吧!

你必须让自己有"利用价值",帮助同事排除障碍,协助他们成功。有人"利用"你,证明你有被"利用"的价值。

下属也能够"倒行逆施"管上司

作为职场人,我们要转变思想——我们不只是让上司管理的,我们也要管理好上司。你觉得这一说法稀奇甚至有些匪夷所思吗?的确,在我们一贯的思维认知中,上司高高在上,下属只有被上司管理的份,下属又如何管理上司呢?这种说法确实有些悖逆常理,但并非不可行。

有人在网上做过一个很有意思的调查——你认为上司可以"管理"吗?结果表明,有16.84%的人选择"根本不可能",有50.31%的人表示"资深员工才能做到",只有32.85%的人表示"我能做到"。

管理是一条双行线,上司管理下属,下属同时也能够"倒行逆施"管上司。美国管理学大师约翰·科特指出,下属也可以形成对上司的影响力,达到管理上司的目的。有些人可能认为,这不是逆天吗?下属怎能管理上司呢?

不要惊讶,这是每个职场人必备的能力。现在你可以思考几个问题:上司是否能接受你的观点?你的业绩是否得到他的肯定?部门下发的各种奖金是否有你的份?对于这些老生常谈的问题,若是你的答案都那么不确定或是否定的,就说明你管理上司是失败的。你是不是经常抱怨上司从不让你独立工作;上司爱批评,从不表扬你;上司朝令夕改,捉摸不透?如果你有这种抱怨,也说明你不会管理上司。

杜拉克曾说过:"其实管理上司并不难——一般而言,这比管理下属要容易得多。"真是这样的吗?那就看看从哪些方面来管理吧!

1. 想办法让上司做自己的"军师",借用上司的智慧为自己指明方向和解决困惑,并且通过请教,让上司做自己的教练或培训师。如果上司吝于赐教,你就想尽各种办法去"偷艺"。

2. 你想推行某个方案但阻力很大时,最好让上司来承担重要责任。这并非鼓励你推卸责任,而是让你更好地借助于上司的力量来完成既定的任务。

3. 换位思考。假设你是上司,你喜欢什么样的下属呢?然后按照好下属的标准要求自己。只要你做到了上司想让你做的,你就比较容易管理上司了。

4. 了解上司的优点和弱点以及他的工作方式、目前面临的压力等,同时也要了解你自己。如此才能找到一种与你们二人都合拍的共事方式,使你更高效地完成工作。

5. 洞悉上司的心理,比如他最重视什么,他最想得到什么,最想避免什么。

6. 获得上司的支持和认同。你要想在一个企业中生存发展下去,必须首先就得到上司的认同。

7. 给上司安全感。让上司看到你在努力工作,并通过沟通让上司对你的工作进展心里有数。还要服从上司的领导和安排,即使有异议,也要用巧妙的方式表达出来。

8.了解上司制订出的中、长期的工作计划，将上司的时间计划与自己的工作时间表接轨，将问题分类，排列好轻重缓急，标明问题的重要性，事先向上司预约会谈时间。

其实，在日常管理中，让上司充当的角色远不止上面所述，需根据具体情况来定。

现在你看明白了吧，管理上司并非"太岁头上动土"，也不是对其指手画脚，更不是让你去阿谀奉承，或者玩弄公司政治，而是要沟通、坦诚、尊重、寻求协助、赢得信任，让其成为你的盟友、良师，助你在事业上更上一层楼。美国管理大师彼得·德鲁克说："管理上司并非去挑战他的权威，而是利用他的权威，去寻求更多的配合和资源。"在公司里，你想要做出成绩、获得发展，就必须最大限度地"调配"你的上司，帮你更好地完成工作。

智慧点读

没人能否认上司在我们工作生涯中扮演着极其重要的角色，却少有人意识到下属在与上司的关系中的责任。懂得巧妙管理你的上司，你将得到更多的配合和资源。

没有抱怨的职场，不是真实的职场

一直以来，励志大师们都在强调抱怨没有任何用处，只会带领着消极、沮丧、郁闷、消沉等种种可怕的悲观情绪占领你的心灵，悄无声息地杀死你的激情，抱怨越多，结果越糟糕。而且，抱怨是全世界最没价值的话语。你抱怨，环境不会改变，客户不会改变，主管更不会改变。它只会影响一个人，就是你自己，只会让你愈来愈消极而已。如果仅从心态角度来讲，抱怨的确有不良影响。但事实上，没有抱怨的职场，不是真实的职场。哪个公司不存在问题？哪个上司身上没有毛病？再说，在这个时代，竞争加速、压力滋长，大多数职场人过得都不开心，他们感到疼痛、迷茫、苦恼、无助。

智联招聘的一项调查显示，超过六成的职场人表示，自己一天的抱怨有1～5次，具体比例为65.7%；有4.8%的职场人表示，自己每天抱怨的次数在20次以上。在接受调查的职场人中，与工作相关的抱怨达到了80.5%的比例。人们抱怨加班、工资低、工作累、同事关系复杂、领导脾气暴躁、客户不好对付、老板的承诺不能兑现、对当前职业没兴趣、得不到信任，等等。有个人这样调侃自己："世上最痛苦的事情是什么？加班。还有更痛苦的吗？天天加班。这是最痛苦的吗？不是，最最痛苦的事情是天天加班却没有加班工资。"由此来看，有抱怨是正常的，它是表达内心不满的一种态度。如果单纯强调抱怨的不良影响对改变抱怨的现状意义不大。关键在于如何将抱怨所带来的结果由消极的转变成积极的。此时，逆思维将带给我们解决的方法。

在职场中不顺心时，我们不必一味发泄不满，这种思维模式只能加剧你的恶劣情绪，我们需要逆向考虑：如何让这些不满得以解决？改变不满现状才是我们要的结果。当你逆向思考后，抱怨就会产生价值。那么，如何让抱怨起到作用呢？首先你要清楚一点——你为什么会抱怨？其次，你的抱怨要能触动老板的心。比如，抱怨加班时应该有理有据，让你的老板知道你为加班付出了哪些代价，不要只是一味地抱怨"太累了""不喜欢加班"等。如果有情绪，还不如"加班太频繁了，我觉得很累！想休息一段时间"这样的诉求来得实际一些。

对于一些是非问题，你必须有充分的理由后再抱怨。在没有得到真相之前不要轻易下结论，否则就是制造矛盾，也易给人留下不良印象。掌握足够的资料后，也许你会发现之前的资讯有误或者纯粹是弄错了。

万万不可到处倒苦水，随便向别人抱怨。你不被提升、不被加薪，应该向谁抱怨呢？向跟你平级的同事、你的下属？错了！你应向有办法解决问题的人抱怨。向毫无裁定权的人抱怨，不过是宣泄不满，而这除了招人厌烦外，还易令人轻视。最明智的方法就是直接去找你可能见到的最有影响力的工作人员，然后心平气和地与之讨论。假使他未能帮你解决这个问题，就将抱怨的强度提高，向更高层次的人抱怨。

需要注意的是，对于公司的事情，选对倾诉对象十分重要，否则你的抱怨不仅解决不了问题，还会让你情绪变得越来越糟，使你在工作中更加被动。

你可以抱怨，但你抱怨后，要让同事切实感到，你被所抱怨的事情或事物伤害了，而不是要攻击或贬低对方。切记，你抱怨的目的是帮助自己解决问题，而非让别人对你形成敌意。

抱怨的方式很重要，要尽可能不刺伤或激怒别人，可以用开玩笑的方式轻松、委婉地表达自己的意见，以此降低对方的敌意。看看下面的例子，会对你有什么启发。

  吴昊的同事每天中午都要睡一个小时，为此耽误了不少工作。作为搭档，吴昊就要承担更大的工作量。他想跟其他同事抱怨此事，又担心影响不好；想找领导反映，又怕弄僵同事关系。终于有一天，他想出了个好方法，他对那个同事说："假如你每天中午少做点'白日梦'，凭借你的能力，当上主管不成问题！"同事听后并未生气，反而因吴昊肯定了自己的能力而高兴，在上班时间也尽量克制自己不再睡觉了。

  吴昊的聪明之处在于，不抱怨同事睡觉对自己的影响，而是从影响他自己的角度表达意见，并且适可而止，给对方留下思考的空间。对同事有意见可以如此表达，同样，若对领导的安排有什么怨言也可以如此表达，说话时不要带火药味，最好来点幽默。

  在拍摄现场，导演对演员厉声说道："下一组镜头应该是这样的，我们在你身后大约 50 米处释放一只狮子，让它朝你奔来，最后只差两步的距离险些扑到你。"

  "我的上帝，"演员呵呵一笑说，"你跟狮子也讲清楚了吗？"

  如此危险的剧情，哪个演员能不抱怨？可你直截了当地说出来，导演十有八九会认为你不敬业。而幽默地向其反映这个问题会收到奇效，导演在大笑之余会体会到你这句话的深意。

  看到这里，你发现了吧？抱怨是可行的，但抱怨的本质必须带有建设性，抱怨的背后要有解决方案。在抱怨的时候，多数人心中早已有了对某事的解决方案，可能是不被重视或自身不够主动,所以只能抱怨。换句话说,你应将破坏性的情绪发泄转为建设性的意见表达。

另外,你还要站在管理者的角度上看待问题。不要指望老板会顺着你的思路走,因为从宏观上考虑你的牢骚显然比从自己的角度出发更好。如果从领导、同事的角度出发,并以他们可接受的方式主动提出建议,他们又怎么不会欢迎呢?

总之,职场怨言是可以有的,只是应讲究方法,开口抱怨前也要先打好"草稿",开动大脑这台机器,避实就虚,用巧妙的语言去表达。抱怨若有道,一样具有杀伤力。

智慧点读

想改变现状,要么从停止抱怨开始,要么学会正确的抱怨方法。

努力很重要,借力更重要

职场上,我们一直强调个人努力对未来发展的重要性,强调个人必须付出100%的努力才可能有所提升。因为这样的观念,许多人只知埋头苦干,不知变通地使尽蛮力却无法得到想要的结果。其实,无论在什么条件下,仅靠个人力量想要有大成就都是困难的。当大家都在强调"个人努力"的时候,我们的思维不可太僵化,"个人努力"不仅仅限于使用个人的力量,要想想,"个人努力"

逆转思维

是否也包括努力找到可以借助的力量呢？一提到"借"，大家一般只会想到借钱借物，今天还要提醒你，我们还可以向别人借力。

有个小男孩想移走沙滩上的一块大石头，他费了九牛二虎之力也没有搬动石头。这时，他的父亲走过来问他："为什么你不用上所有的力量？"

男孩哭着说："我用了我所有的力气，我已经尽力了。"

父亲蹲下来，跟小男孩说："孩子，你没有使尽全力。因为你没有请求我的帮助！"说完，父亲抱起石头，将石头扔到了远处。

很多事情就是这样，你解决不了的问题，他人轻易就可处理。既然这样，为何不借力一下呢？就像上例中的小男孩一样，你觉得有些问题难，可能因为你只倚重自己的才华和能力，而不懂得去获取别人的帮助。甚至因为你过于突出自己，把本来可以帮助自己的人也赶走了。与其自己苦苦追寻而不得，不如将视线一转，呼唤你身边的强者。

荀子在《劝学》中有一段关于善于借助他人力量和外部条件的精彩论述："登高而招，臂非加长也，而见者远；顺风而呼，声非加疾也，而闻者彰；假舆马者，非利足也，而致千里；假舟楫者，非能水也，而绝江河。君子生非异也，善假于物也。"这段话是什么意思呢？就是说，站在高处招手，手臂没有加长，而离得很远的人也能看见；顺风呼喊，声音没有增大，而听的人却听得很清楚；借助车马，不用腿跑也能行千里之远；借助船只，水性不好也能渡过大江河。君子的本性跟一般人没什么不同，（只是君子）善于借助外物罢了。

有些人不愿意向别人借力，认为那是无能的表现。那么我们反过来想想,到底是向别人求助显得无能,还是因为自己力量不足而失败更显得无能?当然,会"借"不一定会成功,但成功者大多是一些善"借"之人。不管你是否认识别人,只要你善借,让其心甘情愿地帮你做事,你就多了一个必胜的筹码。中国台湾巨富陈永泰说得好:"聪明人都是通过别人的力量去达成自己的目标。"

不要自负地以为应当自食其力。人常说:孤掌难鸣,独木不成林。一个人力量有多大,不在于他能举起多重的石头,而在于他能获得多少人的帮助。不管你从事什么工作,在哪个行业,都必须寻求他人的帮助,借他人之力,方便自己。一个没有多少能耐的人必须这样,一个有能耐的人也必须这样。俗话说:"就算浑身是铁,又能打几颗钉?"所以,要想获得最大的成功,就要学会"借力",仅靠单枪匹马、赤手空拳地搏斗是行不通的。如果能用好"借",那么你会少绕很多弯路。当然,这并不是让你大事小事都去寻求他人的帮助,我们所说的借,是在你遇到难题,当个人力量难以解决或者必须付出极大代价的时候,你不妨转变思维,靠借力的方式轻松达成目的。

下例中的小女孩的行为值得我们每个人效仿。

有个女孩擅长服装设计,只是没有名气,没人敢重用她。一次,她在参加一个歌星的歌迷会时,拿出自己设计的作品对歌星说:"我很崇拜你!请在我设计的这件服装上签个名吧!"歌星看见这件很独特的服装眼前一亮,对女孩的才艺赞不绝口,并推荐她加入自己的设计团队。就这样,女孩借助歌星的力量,轻易地进入了设计行业。

你如何看待这个女孩的做法呢?说她狡诈、投机取巧?不能。

逆转思维

让更多的人帮助自己成功，这是一种高超的社会智慧。美国大名鼎鼎的富豪、钢铁大王安德鲁·卡内基曾这样说过："当一个人认识到借助别人的力量比独自劳作更有效益时，标志着一次质的飞跃。"尤其是对于自己所欠缺的东西，更要多些巧借。把握了"借力"这一核心，就有可能通过借力，完成从没钱、没背景、没经验的失败向成功的转化。

"借"的绝活流传了不知多少年代，深得智者的欢迎。春秋战国时期，孟尝君善借门客之力成己之事。西汉刘邦，也是一个善借他人之力者。他不能著书立说，也不善驭军队，却依靠韩信、彭越、英布、萧何、曹参、樊哙等威震天下的文臣悍将建立了西汉王朝。在现代职场中，如果我们不懂得向领导或同事请教，借助他们的力量，只知自己埋头苦干，常常会"事倍功半"。

"借力"不是一个丑恶的东西，一个人或一个团体所掌握的科学技术知识是有限的，哪怕是最杰出的人物或团体，也不可能独自完成一项伟业。世界石油大王曾经说过："永远不要靠自己一个人花100%的力量，而要靠100个人花每个人1%的力量。"一个人的力量是有限的，有时哪怕用尽100%的力量也不可能获胜，若是众人分别贡献出一点力量，便可轻而易举地获得胜利。不要期望自己是全能冠军，也不要期望一个人付出100%的能力去帮助你。在职场中，你要善于结交更多的朋友，只要他们在关键时刻付出1%的能力去帮助你就足够了。

巧于"借力"，精于"借势"，你才能成为"职场圣斗士"。好风凭借力，送你上青云。一个借字，天地广阔，大有作为。

> **智慧点读**
>
> 对于借力，并不是让你大事小事都去寻求他人的帮助，我们所说的借，是在你遇到难题，当个人力量难以解决或者必须付出极大代价的时候，你不妨转变思维，靠借力的方式轻松达成目的。

工作并不是一切，不要把职场当成战场

中国古代有一个成语，"鞠躬尽瘁，死而后已"，描述的恐怕就是过劳死。那时，这是一个褒义词，在道德上是值得肯定的。清官、好官如若是"过劳死"，更能得到百姓的敬重。然而，现在"过劳死"却成为一个普遍的社会问题。据媒体报道，中国已成为全球工作时间最长的国家之一，加班现象严重，每年居然有60万人过劳死。

这是不是太恐怖了？再看看我们身边的这些例子：

年仅25岁的深圳华为公司员工胡新宇因工作任务紧迫而持续加班近1个月，导致过度劳累，全身多个器官衰竭，离开人世。

有个叫潘洁的女白领，毕业于上海交大。她在全球顶尖会计师事务所普华永道从事审计工作仅一年后，因病毒性感冒引发急性脑膜炎医治无效去世，年仅25岁。死者家属认为，其死因与其长期工作压力较大有关。据知情人透露，普华永道公司办公室

逆转思维

半夜经常"灯火通明",员工加班到深夜一两点很正常。

一位年仅28岁的电视台记者在家中突发心肌梗死离世。此前他曾在自己的微博中说:"我的亚健康状态很严重!"

广州市海珠区一家服装厂35岁的女工甘红英猝死在出租屋。此前四天,她的连续工作时间达54小时25分钟,累计加班逾22小时。她生前常提到自己"想好好睡上一觉"。

河南省南阳市枣林派出所所长段大军在连续工作八天后,累死在走访途中,医院诊断其死因为心肌猝死。

过劳死现象之多,以至于有些人都见怪不怪了。此时,你掉转一下思维方式,就会发现,原来,我们一直倡导的拼命工作也是个定时炸弹,太累也是不容忽视的健康隐患,也是一种危险。上例的那些聪明的白领、骨干、精英们也许拿着高工资,有让人羡慕的工作,他们雄心勃勃、争强好胜,他们本该活得更健康、更潇洒,本该活到更大的年纪,却因不知适时休息,超负荷运转,使自己的健康每况愈下,终英年早逝,这是多么令人心痛的事情啊!

人已经走了,说什么都没用了,亡羊补牢,希望活着的人都好好活着,注意身体健康,不要玩命工作——工作并不是一切,不要把职场当成战场,用生命去加班。即使竞争激烈,你害怕失去工作而主动加班,也不应透支自己的健康。工作重要,赚钱重要,健康更重要。如果没有健康的身体,人生就毫无意义。健康不能代表一切,可失去健康就等于失去一切。

你可能会说,我知道经常加班对健康有害,但是我要买车,要买房,要出国,要读EMBA,要打败竞争对手,要消费,要事业有成……如此，我怎能不熬夜，加班，陪客户吃饭？人人都有苦衷，生活的压力逼的我们就像一个始终被抽动的陀螺，无法停下来。可是，你想过没有，既然你知道目前的状况很不好，就不要再挺下去了，你想等事业有了很大起色时才去香格里拉、周庄镇旅游，让自己好好放松一下，可是，那一天何时到来呢？就算你取得了成功，到时候，你没准又有了新的忙碌的借口了。可怕的是，那一天永远不会到来。

当然，健康与收入究竟哪个重要，这要看个人的选择。有些人重视健康，有些人重视当下的收入，这些似乎都是无可厚非的。毕竟，活着本身并不是活着的唯一目的。一切取决于你如何选择。但是，必须提醒你的是，有理、有利、有节、劳逸结合、中庸适度、自然和谐，这才叫"境界"。就像洪昭光先生所倡导的生活方式——"努力不过力，拼劲不拼命"。在工作中，出力是必须的，出汗也要，拼脑也要，但是不可以拼命。

学会主动休息其实并不难。在午后的阳光下晒上半小时，闲暇时多听古典音乐，哪怕在蹲厕所时也可闭目养神。有时也许只是短暂的10秒钟，就可以给你的心理带来巨大的放松感。

有人觉得，不舒服了就赶紧看医生呗，身体正常的情况下就抓紧工作。你可能没有意识到这点——人们常说有病看医生，其实医生的帮助很有限，只占8%左右。当身体出现不适感后，最先发现的不是医生，而是我们自己。如果你感到肩上的压力越来越重，眼前的视线越来越模糊，记忆力和抵抗力越来越差。晚上越来越睡不着，头疼得越来越厉害……当你发现自己有这些症状

逆转思维

时,要小心了,就算是小病,也要及时就诊,该休养时就歇一段时间。如果你昼夜加班,白天无精打采,凡事提不起兴致来,也要注意了,就算没有不适,也应及时休息,消除生病的隐患。

列宁说:"谁不会休息,谁就不会工作。"达芙妮总裁陈贤民也说:"连吃饭都没法准时的人,能干什么大事?"当你在为自己的梦想而奋斗,为生活而拼搏的时候,不要忘记毛主席曾经说过的:"身体是革命的本钱。"

智慧点读

事业和健康是骨肉相连的亲兄弟,是风雨同舟的好朋友,而绝非一对冤家。

和尚撞钟,谁说是得过且过

"当一天和尚撞一天钟",这句话作为贬义之语,多年来一直在我国民间流传。它一直是指做事不思进取,消极度日,是对那些工作不愿尽职尽责而只想敷衍了事得过且过者的委婉批评与调侃。因为在许多人眼里,和尚撞钟容易得很,一不动脑二不费劲,到时候去撞几下钟,一天便不知不觉地混过去了。

其实,别小看撞钟这件事,它可有很高的技术含量呢!任何工作都有一套章法,佛门也不例外。和尚敲晨钟代表着新的一天的开始,而敲暮鼓则代表着一天的结束,这也是我们常说的"晨钟暮鼓"。古时科学不发达,全靠滴水或燃香等原始的方式计时,要准确无误地撞好钟,仅就其技术难度而言,就非常人所能把握。

撞钟不仅是神圣的,还要讲究节奏。和尚在撞钟之前,必须默诵佛经,诵毕才能执槌撞钟,在撞钟时要撞出轻重分明、缓急有致的节奏;钟声还要抑扬顿挫,传之既远还要回荡不息。撞钟和尚必须在20分钟内均匀地撞响108下,且最后一下必须撞在午夜与凌晨相交的瞬间。

看到了吧,撞钟这项工作也绝非易事啊!所以说,"和尚撞钟"并不是被我们所误解的那样,有得过且过之意。

如果我们能逆向思考,就能发现"当一天和尚撞一天钟"的新含义:撞钟是和尚的分工,是和尚的职责,和尚们能够日复一日,年复一年,兢兢业业地做着枯燥而平凡的工作,正是爱岗敬业精神的体现。既然选择来做和尚了,那就在职一天撞一天钟,而且能按时按质按量地把钟撞响,这并不是什么坏事。也就是说,在其位,谋其事,做一个称职的"和尚"。

不"撞钟"就意味着失职,失职就不是一个好"和尚"。从这个角度来说,当一天和尚就撞一天钟的人其实还是相当不错的,最起码有责任心,能够完成自己的岗位职责,站好自己的岗。

当一天和尚撞一天钟,还意味着踏实、不浮躁、不好高骛远。如果要脚踏实地地过好每一分钟的话,就不只是撞钟,而是要撞好钟了。有些人看不起撞钟这项工作,可他们大事也干不了。这种人应摒弃浮躁,静下心来从撞钟开始修炼自己。做什么事要成什么事,既然要当好和尚,那么"撞钟"这个本职,是一定要做好的，做好了基本工作才能肩负重任。

你的工作虽然枯燥简单，但你可以把"撞钟"的工作做得很出色，把每个日子过得很精彩。社会需要"当一天和尚撞一天钟"的人，需要在平凡岗位上默默奉献、忠于职守、埋头实干的人，需要即使一天在职位上，就牢守一天的岗位，尽量把事情干好的人。不需要想敲就敲，不想敲就不敲，抱着反正能拿到工资，不混白不混的态度工作的人。

张继有首名为《枫桥夜泊》的诗，千百年来脍炙人口：

月落乌啼霜满天，江枫渔火对愁眠。

姑苏城外寒山寺，夜半钟声到客船。

当时，张继因落榜而归，满腹惆怅、倚枕客船途经寒山寺，被从古刹传来的悠悠钟声触动愁情，有感而发。要不是寒山寺里那个和尚尽忠尽职，按时敲钟，我们今天还欣赏不到这么优美的千古佳句呢！由此看来，我们真的要赞扬和感谢那个忠于职守的和尚！

从上述这些角度看，"当一天和尚撞一天钟"虽然听起来不高雅，但这种撞钟的精神应该受到所有人的赞扬和学习。即便从事的是单调乏味、周而复始的工作，也不可消极与懈怠，而是要保持一种分秒不差的"极致"。

智慧点读

无论是哪个行业，只要你做到"当一天和尚就撞好一天钟"，你的事业一定是生机勃勃的。

心地清净方为道，退步原来是向前

我们的思维有路径单一的特点，也就是说，习惯于用一种方式解决问题。职场上，竞争在所难免，因此大多数人认为，只有处处比别人强，才能成为真正的强者。难道只有把别人比下去，你才能成为真正的强者吗？答案显然是否定的。处处争强未必强在最后，这种争强的思维常常让人失去思考力和判断力，而最终导致落于人后。需要提醒大家的是，与人竞争时，要懂得运用策略，必要时要改变思维路径，变"处处争强"的正向逻辑为"以弱胜强"的逆向思考，用主动示弱的方式避免成为实力强硬者的靶子，这是一种曲线制胜的方略。

示弱是一种生存的方式，从根本上讲，是一种以退为进的方式，可以化困难于无形。弱者有时并不能改变自己的处境，但可以通过示弱的方式来使自己处于有利位置。我们从小所接受的教育是"不甘示弱""勇往直前"，否则就是懦夫。其实，凡事爱逞强好胜的人，往往碰得头破血流；而能适时忍让的人，倒可以成为最后的赢家。环顾一下周围那些才华横溢的人，你会发现，很多人不是因为不优秀而阻碍了个人争取更大的成功，而是因为太优秀却不善于藏拙示弱，不知道退一步、让三分而阻碍了自己提升。

你不禁要问了，什么时候示弱呢？无外乎以下几种情况：

一是确实不知事实真相时。你不了解真相，不知道谁是幕后主角,不知晓某个数据是因何得来的,这时,你需要谨小慎微。若鲁莽地与人争辩,可能会得罪人,输得一败涂地,让自己颜面、荣誉尽失。

二是出现错误时。人非圣贤,孰能无过?如果你在工作中出现错误,就大胆地承认吧!躲避、搪塞错误,只会让人更加轻视你。勇敢地承认错误会重新赢得信任。

三是遇到强手时。我们常说:"天外有天,人外有人,强中自有强中手。"碰到了一个强劲的对手,如果你处处发招,就会造成双方关系紧张。与其这样,还不如主动示弱,见到对手微笑一下,主动暴露自己无关痛痒的小毛病,反倒能消除对方的敌意,增加对你的好感。

四是自己得意时。当你升职、加薪、获得殊荣时,要记得谦虚和示弱,用自嘲、自贬的方式,透露自己一点无关紧要的"糗事",拉近与他人之间的距离。

五是遇到困难时。有困难要及时求助,不要碍于情面,不好意思向他人求助。要知道,耽误了工作,后果不堪设想。再说了,你何不利用这个机会向他人学习呢?

六是自己"无知"时。这里所说的"无知",并非真的无知,而是故意装出来的"无知"。如果你自恃学历高、经验丰富,处处一马当先,急于显示自己的能力,往往让自己陷入被动的境地。首先你这种态度就容易造成失误,授柄于人。其次,你如此不在乎同事和领导的感受,他们对你肯定有看法。为了工作,却处处不讨好,又何必呢?长此以往,你在公司的地位也岌岌可危了。其实,无论多强大的人，都不会精于每一个领域。承认自己的"无知"，多向他人请教，会给别人留下谦虚、好学、尊重他人的良好印象。

说了这么多，我们还是来看一则故事吧。

李新和程露露是某公司新招进的两名重点大学毕业生，且二人都是系里一等奖学金获得者，各方面的能力都较为突出。李新比较争强好胜，喜欢表现自己。一次，在公司会议上，他对那些元老提出的一些方案给出了否定意见，并且还以不屑一顾的态度说："现在都什么年代了，这一套早就过时了！"他的话让元老们很难堪。李新这个职场新锐得罪了同事，但自己丝毫没有察觉，依旧一副天之骄子的样子，对同事的工作指指点点。久而久之，大家都不愿意跟李新一块搞项目了。部门领导也觉得此人虽有才气，但过于张狂，日后定难驯服。所以，试用期还没到，李新就被公司提前辞退了。

而程露露为人谦虚、开朗，每次让她提意见，她都会有这样的开场白："我刚进这行不久，说的不一定对，有错的地方，还望领导和同事多多包涵和指教！"有时她看出一些老同事方法陈旧，也不直截了当地指出来，而是默不作声。跟同事聊天时，她有时会透露一下自己的弱点，比如："我这个人有点健忘！""我第一次见那个客户时，紧张得手心都冒汗了！"

此外，她嘴上像抹了蜂蜜似的，向同事请教问题时，满口"师傅""师兄""师姐"的，大家都挺乐意带她参加各种活动和会议。程露露进步非常快，两个月后已经可以独立策划和执行一些常规活动，因此提前转正了。

这个案例较为常见，两个名牌大学毕业生，为什么一个被提前终止了试用合同,一个却提前转正,并迅速融入团队呢?不难看出,主要在于后者更懂得职场"示弱"技巧。职场上有些人之所以没有很大的发展,不是输在做事上,而是输在了做人上。他们得不到重用提拔,不被领导赏识,和同事关系紧张,都源于他们做事过于"强势"。处处锋芒毕露就容易使自己陷入不必要的拉锯战中,工作也会遭遇更大的阻力。就像上例中的李新,本来能力不输程露露,却因为不会示弱而处处树敌,惹来他人的羡慕嫉妒恨。这又何必呢?还不如像程露露那般,低调做人和做事,适当示弱,显示自己需要照顾,如此,既能拉近与同事的距离,也让领导觉得是个可塑之材。

示弱还能消除他人的嫉妒心理。你可不要小看他人的嫉妒心,曹操因为嫉妒杨修的才能(当然还有其他原因)而杀了他;隋炀帝因为嫉妒王胄的诗才而把他杀了,还吟着王胄的诗句"庭草无人随意绿",扬扬自得地说:"你还能写出这样的好诗吗?"同事之间,在一时还无法消除这种心理之前,用适当的示弱方式可以将其消极作用降到最低程度。比如:成功者向他人诉说自己的艰苦努力,以及曾经的诸多失败经历,就会给人以"成功不易"的感觉,从而消除对方的嫉妒。

有时示弱还意味着将机会拱手让于他人。比如:你在某方面获得了一定的成功,在另外一个方面,即使你有把握能赢别人,也最好主动退让,以让同事也有机会成功。平时对小名小利淡薄些、疏远些,就不会惹火烧身,也不会成为同事嫉妒的目标了。

也许你认为向他人示弱代表自己不如他,这种想法是不对的。

适当地示弱、退让并不意味着你是弱者,相反,还会让别人肯定你的为人、你的睿智。历史上有许多这样的典故:韩信能忍胯下之辱,遂成一代名将;越王勾践卧薪尝胆,才能复兴家园;蔺相如示弱,才有"将相和"的千古美谈。

示弱是为了更好地生存,不是妥协,不是盲从,不是怯弱,不是见风使舵。示弱目的是为了前进,为了自身安全,为了解决问题,为了使自己走得一次比一次稳健。强者示弱,可以展示博大的胸襟;弱者示弱,可以积累经验渐渐变得强大。掌握了这种方法,你就能在职场中减少阻碍,不断攀登高峰。

智慧点读

与人竞争时,必要时要改变思维路径,变"处处争强"的正向逻辑为"以弱胜强"的逆向思考,用主动示弱的方式避免成为实力强硬者的靶子,这是一种曲线制胜的方略。

别迷茫,也别教条

一直以来,各类专家学者、各种报纸杂志都告诉我们,要有良好的职业规划,并倡导坚持自己的追求。所谓职业生涯,是指一个人一生的工作经历,特别是职业、职位的变动及工作理想实现的整个过程。中国职业生涯规划、人生设计专家徐小平说:"如果不做职业生涯规划,你离挨饿只有三天。"职业是人生的大事,

逆转思维

职业最怕没有规划。在职场中行走，不能做迷茫一族，盲目做事，到时走了弯路，赔上时间成本，必后悔不及。从理论层面来看，这种思维没有问题。然而，许多成功人士的经历却告诉我们，没有人清晰地知道自己未来的每一步要怎样走，所以，要突破思维的限制，别盲目、教条地相信目标和执着于目标。

毋庸置疑，谁都希望选择一个真正有兴趣，可以做一辈子的工作，也幻想能有从职员到管理者的那一天。你也完全可以给自己设置一些目标，比如，三年后要争取达到月薪多少，坐到什么职位上，过上怎样的生活。也可以细化这些目标，比如，今年的任务是什么，要想完成这一任务，每月需要怎样做。但是，一定要提醒你，不要将这个计划做得太完美，不要清晰地指定自己每一步要干什么。为什么？因为世事不断变迁，计划往往没有变化快。有计划可依是好的，但凡事都有个意外，万一完不成做不到呢？一次没有按照计划行事或许不会影响你的情绪，要是十之八九的事都超出计划之外，那该怎么办呢？

一个过于明确的目标有时会让你对新出现的机会视而不见，你确定自己能在目前这个行业干一辈子吗？谁也不知道未来会出现什么新型的职业，今天我们从事的工作，有一半以上都是20年前闻所未闻的。谁都不敢保证自己的职业生涯一成不变，当今世界的经济环境日新月异，未来有太多不可知因素，你必须每时每刻都对自己的职业生涯进行规划，这样才能使自己不被束缚。

很多人在大学时就做好了职业规划，这当然有一定的好处，但同时也必须认识到，这个规划是可以变动的。你必须清楚一些问题，你毕业后真地能找到令自己满意的工作吗？你的职业生涯真地能按自己所指定的步骤去发展吗？有些大学生在未踏出校门前踌躇满志，可是，一步入社会职场后却发现现实与自己的想象相差甚远。即使你能力突出，也可能在一个岗位上默默无闻五六年，这并不是什么新鲜事。

事实上，你会发现，并不是所有人都能从事自己所热爱的职业。现实中，有多少人从事着自己喜欢的工作呢？有多少人缺少了原来对工作的激情而最终变成了应付工作呢？理想能坚持多久，你想过吗？你可能是旅游专业的，却进不了旅游局、旅行社，只能勉强找一份出纳的工作维持生计，可是，三年后，十年后，你还能在原来专心进修的那个领域做事吗？在一个自己不太喜欢的行业待太久，可能对自己喜欢的那个行业就没激情了。若是终日疲于奔命，最后剩下的，就只有千疮百孔的身躯，空洞的眼神和空白的回忆了……那时，恐怕你会笑叹自己原来的职业规划了！

其实，职业往往是尝试出来的。很多工作并不是你想的那么有吸引力，可能干了一段时间后你就对之腻烦了，想转行。那你原来的职业规划是不是就作废了？当然，这并非提倡你经常跳槽，只是告诉你，别咬着一块并不好吃的饼干不放，你可以尝试着去做一件令你更兴奋、更有创造性的事情。

我们的想象和职业的回报总是有距离的，因此，太完美的职业规划是行不通的，但这并不意味着我们要走向事物的另一极端——完全放弃规划。在职业发展的道路上，首先就是证明你选对了方向——属于你自己的方向。即使是陈胜、刘邦、刘备、拿破仑，他们也只是定了一个大的方向，并没有在年轻的时候就定下要当皇帝。你要知道自己想干什么、适合干什么。你必须在进行职业选择时择己所长，从而有利于发挥自己的优势。职业是个人谋生的手段，也要符合自己的兴趣爱好。其次，要清楚社会需要什么人才，不要扎堆或者一味求新。最后，还要让自己行动起来，以实现目标为方向做出具体的行动，可别一拖再拖。很多人的职业发展不理想，往往不是职业规划出了问题，而是执行力出了问题。

总之，如果下次有人跟你说，你能不能有个职业规划，具体一些，完美一些，未来的1年、5年、10年、30年都该做什么以及每一步该如何做时，请告诉他，在你的视野范围之内，你有规划；但是视野之外，你不能保证会不会有新的变化。

智慧点读

完美的职业规划虽然可以成为人向上的动力，但也会化为一个沉重的包袱，使人不堪重负，对现实无能为力，从而变得急躁、自卑，甚至急功近利。如果你设立了一个高尚又美好的目标，结果却使你一直对自己产生不满，你愿意要这样的计划作为自己的人生指南吗？

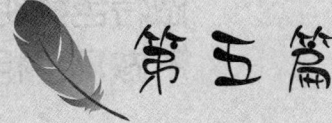

第五篇

生意好不好，不在努力在思路

诸多人都在讲：资金、经验的不足，产品的同质化，项目的无差异化，跟风严重，竞争太激烈等问题让生意越来越难做。生意真的难做吗？生意的确难做，但如何在别人都难的时候让自己的生意好做呢？关键在于思维方式。别忘了，做生意，就是拼智慧！当别人都朝一个方向去想事情的时候，你却从相反的方向思考出了新的办法，这样，你就和别人形成了鲜明的对比，也有效地减少了竞争，达到良好的效果。

做特色鲜明的"那一个"，不做几乎相同的"那一些"

有句俗话叫作："随大流，不挨揍。"意思也就是"从众""跟风""人云亦云"。通俗地说，就是大家都这么认为，我也就这么认为；大家都这么做，我也就跟着这么做：不管这东西适不适合自己，反正做了再说。最大众化的从众现象就是闯红灯，还有消费从众（人家买什么我也买什么）、恋爱从众（大家都恋爱了，我怎么能落后呢），以及炒房、炒金、炒银、炒翡翠、炒股，等等。

你可能也存在这种观念——模仿是最保险的做法，诚如古斯塔夫·勒庞在其名作《乌合之众》中所提到的：混迹于人群令人产生安全感。从众并不能说是一件坏事，不过，若是盲从就会坏事。毋庸置疑，盲从就是做事不经脑子。有这样一则关于拿破仑的笑话：

据说拿破仑遭遇滑铁卢失败的原因是没有亲自指挥，为什么他没有亲自指挥呢？因为当时他在抽大烟。为什么要抽大烟？因为他在犯痔疮。为什么犯痔疮？因为他穿的是紧身裤。为什么要穿紧身裤？因为当时整个巴黎都流行穿紧身裤。

这则笑话虽不太可信，却说明盲目从众只会招来无穷无尽的问题和风险。此外，没有差异往往不得要领，有形而无神；没有差异化，也难突出个性和品位。千里马立于万马奔腾中，想要被伯乐发现就要与众不同。

美国钢铁大王卡内基小时候家境贫寒。一天，他经过一个建筑工地，看到一个衣着光鲜、像老板模样的人，就走过去问道："请您告诉我，我怎样做，长大后才能像您这样成功？"那个人笑着说："你去买件红衣裳，然后努力工作。"卡内基满脸狐疑。那人指着远方正在忙碌的工人们说："你看他们都是我的员工，可我无法记住他们每个人的名字，有的人甚至一点印象都没有。可是，你仔细看……"说着他又特别指向其中一个工人，"这个人穿了件红衬衫，其他人都穿蓝衣服，只有他显得很特别。我注意他很久了，他工作勤奋，过几天，我准备派他当我的监工。我相信，他此后会更拼命工作，说不定哪天还会成为我的副手呢！"

并不是你想成功就可以成功，还要有迥异于他人的智慧、思想和行为。有魅力的、吸引眼球的，往往是特色鲜明的"那一个"，而不是几乎完全相同的"那一些"。做人如此，做事亦然。

你知道哈默吧？他是世界上企业家中受到各国元首接见最多的一位商人，他一生先后经营过石油、粮食、制药、酒业甚至铅笔等许多行业的多种产品，但无一失败。他有什么诀窍呢？原来，18岁的时候，他父亲病危之际告诫他说："我离世后，你要想方设法将咱家的药厂继续办下去。"接着，他又说了句影响哈默一生的话："别人干什么，你想想不干行不行；别人不干什么，你想想干行不行。"

崔普·霍金斯说过一句话："在这个缺乏个性的时代，一定要确保你的与众不同。"苹果电脑有一条很棒的标语，就是"Think

逆转思维

Difference",意为想法要与众不同。如果你是个商人,就要考虑如何使产品与众不同。尤其在中国消费者看来,不同就是最好的。他们也许无法判断哪种产品质量好,却能迅速看出哪种较为特殊。因此,营销的本质不是卖最好的,而是卖不同的。如果你的产品拥有一项特性,你的产品就有了差异化。外观上、功能上,甚至服务上都可缔造不同。比如,索尼电视机中的"特丽珑"显像管,佳洁士牙膏中的"氟"。这些东西虽然很复杂,我们不一定搞得很清楚,也没有必要搞清楚,但只要神奇好记就行。

如果你炒股,也应懂得这个道理:所有人都看好,绝不是什么好东西;所有人都这么想时,你就必须反其道而行。如果人人都想靠炒股赚钱,这就成为一个致命的想法,暗示股市有风险,买股要谨慎。反之,如果大多数股民不看好股市,他们都已经脱手出场,那么股市的继续下跌区间也已不大。你如果随大流,即常常在高点入市,低点出市,则将成为失败者。当然,具体情况还要看"股势"的情况来分析。这里强调的是思维的方式。你从小学习的那些讨人喜欢的性格,如听话、合群、不标新立异等都可能成为炒股成功的障碍。

没有差异化,最终只能成为一种愚昧无知的表现。布鲁诺说:"如果一个人仅因为多数人是多数,而愿意随大流,那他的思想就迟钝了。"人家整个掉渣烧饼、久久鸭、两元店,你不能逆向思考,不考虑店址、受众的消费能力、喜好等,也跟风,结果只能成为炮灰而不是炮弹,很可能是"速死"。

当然,这里不是告诉你别人做什么你就非得唱反调,这个"反调"一定要唱得合理。也就是说，要对自己的反常行为有合理的解释，同时预见采用相反思维所导致的后果。这么做是必须的，否则，会被失败打得措手不及。

不走寻常之路，就必须承受铺天盖地的冷笑和嘲讽。或许你被认为是疯子、叛逆者、惹是生非者、特立独行者，这都没关系，谁笑到最后才能笑得最甜。

有人会说了："不走别人走过的路，我将无路可走！"唐骏也说过：

"我的成功可以复制。"既然他的成功可以复制，其他人的也可以复制。重复走别人的路，可规避诸多风险。这种想法没错，但不要忽略了一个重要的事实——众人都走过的路，往往没有果子留下来。想想看，事实是不是这样呢？

复制别人的成功也有很多不确定因素，因为每个人的运气、能力不同，他人的成功路线可能对你根本不适用。最重要的是，学别人不管学得有多么像，也只能成为"别人第二"。你看迈克尔·杰克逊一亮相，看起来就和别人不一样，假如你企图模仿迈克尔。杰克逊的穿着一定会被别人笑死的。与其这样，不如看别人不干什么，找一些不同的路来走，或许成功会来得更早些。

虚荣很美，从众很水。亦步亦趋顶多能保证你在跌倒的时候发现倒霉的不止你一个，而培养自己的逆思维心理却能使你众人皆倒而唯己巍然而立。当新的"流行"扑面而来时，向左走，向右走，跟着走，还是认清形势朝前走，你需要审慎行之。最好在别人看不到路的地方启程，天地常常在此时豁然开朗。

> 地上本有路，走的人多了，便没有了路。

不要让规则左右我们的心理习惯

凡事皆有规则。学习规则、考试规则、交通规则、法律规则等，诸多的规则构成了和谐的社会。有人说，既然制定出了规则，毫无疑问是要遵守的。其实不然。规则本身是人根据社会的需要制定的，是为人或社会服务的，如果总是受规则的约束，社会的前进就会成为一句空话。苹果电脑公司在推广电脑时有过这样一句话——规则是用来打破的。这是一句逆思维而行的惊人之语，那些有所成就的人们，大多都是逆思维的践行者。事实上，很多规则是束缚思想的，更重要的是，有时规则根本就是错的。这时，我们就要把它已不适应个人或时代发展需要的部分扔掉或改进。

战国时期，商鞅提出"重农抑商"政策。对封建国家而言，农业的发展可使人民安居乐业、人丁兴旺，使国家粮仓充盈，既可内无粮荒、动乱之虞，也可外无侵扰之虑。因此，这条规则被历代君王沿用。但是，由于重农抑商，把商、农发展对立起来违背了经济发展的规律，导致了中国长期是一个农业大国，逐渐被西方兴起的资本主义工业强国甩在了身后。

如果哪一个君王或者大臣敢于逆思潮而动，提出"重农兴商"而反对"重农抑商"，也许历史将改写。

但不可否认的是，如果自然界和社会没有规则的限制，有时就会陷入混乱之中。但永远固守陈旧的规则，有时也会阻碍社会的进步。所以，不合理的规则就要打破它。

科学家做过一个试验：把五只猴子关在一个笼子里，笼子上面挂一只香蕉。他们在笼子顶上安装了一个喷头，只要猴子伸出手臂试图拿香蕉，喷头就会喷出水来。另外，不管是一只猴子还是几只猴子触碰香蕉后，所有的猴子都会挨一顿暴揍。慢慢地，猴子们明白任何成员的冲动都会殃及无辜。于是，规则产生了。

后来，试验人员用一只新猴子A换出原来的一只猴子，猴子A看到笼子顶上的香蕉，刚要去拿，结果所有猴子一哄而上，将其海扁了一顿。以后只要猴子A想去摘香蕉，都会遭到其他猴子的暴打。一段时间后，猴子A也放弃了摘香蕉的企图。

科学家又用一只新猴子B换出另一只原来的猴子，猴子B看到香蕉，也是迫不及待要去拿，其余的五只猴子仍旧暴打了猴子B一顿。猴子A还打得特别用劲。就这样，科学家把原来的猴子都换出去，笼子里的猴子已经更换了几个轮回，顶上的喷头也早已经取消了，猴群仍对笼子上的香蕉心存畏惧，谁也不敢越雷池半步。

电影《肖申克的救赎》中有句经典台词："体制化，一开始你抗拒它，排斥它；慢慢地，你习惯它；最后你离不开它，它和你融为一体了。"规则就在我们身边,只不过我们不是实验室里的猴子,但我们也常因害怕危险而不敢打破规则,甚至建立起自己的规则以求安全。

古人常说:"不破不立。"但凡有成就的人大多不会拘泥于前人的想法,而是不断实践,不断思考,打破规则,最终才有所发现。爱因斯坦的微观物理研究打破了"牛顿三大定律"的规则,而鲁迅的《狂人日记》则是打破了旧体小说的规则。再如,将原用高温处理的金属改用冷水处理,可以延长其使用寿命;将原本发射上天的火箭改造为钻井火箭。可以减小施工难度……

有的规则让人思维僵化,直至平庸得毫无怨言,潦倒终生。《时代》曾公布了"美国十大最成功的大学辍学生"。第一名非比尔·盖茨莫属。他在大学三年级从哈佛大学辍学创业,31岁就成为亿万富翁。小时候,我们的父母和老师就对我们说:"辍学是不好的,主动辍学是可耻的,被动辍学是可怜的。"由于这个常规意识的存在,没人敢逆此而行,但是,比尔·盖茨走过的道路却让我们的家长和老师目瞪口呆。他似乎生来就不愿"循规蹈矩",注定要成就一个无与伦比的传奇人生。

打破规则即意味着逆常规而动,逆常规而动则可能意味着超越和领先。萧伯纳说:"有些人总是使自己适应社会,而另一些人则固执地要求社会适应自己,但社会的前行全靠后者推动。"规则是死的,可人是活的,活人为什么要被死规则套住呢?规则和限制越多,我们可以发挥创造力的空间就越小。不要让规则成为左右我们的心理习惯,规则是用来打破的,时尚是用来超越的。

第五篇　生意好不好，不在努力在思路

你不能被动地接受规则只做规则的遵守者，还要做规则的制定者，不断地打破既有规则并确立自己的新规则，永远让规则为己所用。在"遵守规则"与"打破规则"之间走个来回，那才是真正能掌控规则的人。当然，破需要勇气，立需要智慧。比尔·盖茨知道什么规则是可以打破的，你能够突破常规思维的限制，勇敢地破旧立新吗？

敢于打破常规的人不只是在方法上逆思维而行，更敢于在思想上"兴风作浪"，逆流而上。有些规则不过是统治阶级为了维护自身利益，愚弄民众的工具罢了。如果你想成就非凡，就要勇于向规则宣战。比如，圣雄甘地没有遵守规则，美国"黑人民权运动之母"罗莎·柏克斯也没有遵守规则。他们为自己赢得了自由和主权，而没有在规则下成为劳奴。

需要注意的是，打破常规并不意味着肆无忌惮、为所欲为。你也要懂得从善如登，从恶如崩。诸如闯红灯、酒后驾车等打破规则的行为，还有奸商为了利益而置民众的健康于不顾，利用卑劣手段造出害人的产品，像"阜阳劣质奶粉""红心蛋""染色馒头""硫磺泡姜"等，只会得到谴责和严惩。说来说去，规则总归是规则，大的原则还是要遵守的。

智慧点读

对于规则的制定者来说，规则是用来遵守的，但对于一个挑战者来说，规则却是用来打破的。

逆转思维

当99％的人看多时，市场就可能见顶

不要光看到别人赚钱，看不到别人赔钱。无论做什么投资，懂得运用逆思维心理，赚的可能才更大。就拿炒股来说吧。有句话是这样的："十个人炒股，一赚二平七亏。"那么，如何让损失降至最低呢？上帝欲让其灭亡，一定先让其疯狂。当街头巷尾的民众都在议论炒股如何赚钱时，这个行业的利润增长空间也濒临绝境。而大众恐惧的时候，则该卖的都已经卖了，行情的跌势也就差不多到头了。此时不出手买入，更待何时？

1929年美国股市大崩盘，当时无数投资者一夜破产，包括巴菲特的老师格雷厄姆也惨遭滑铁卢。但有个名叫巴鲁克的人却在崩盘前的一刻全部抛售离场。据说崩盘前一天，他在路边擦鞋。擦鞋的小孩跟他说自己炒股赚了一大笔钱。回到办公室后，巴鲁克就把股票全线抛出，因此躲过一劫。

股神巴菲特有句名言："别人贪婪的时候恐惧，别人恐惧的时候贪婪。"不过，仅仅记住巴菲特的这句话并不能保证你一定成功，为什么呢？因为虽然道理特简单，做出来偏偏又是另外一个结果。套用格林斯潘那句著名的话就是：如果你听懂了我的话，那是我说得不清楚。

你我都不是巴菲特，既然你我都不是他，那按照他的做法，可能得到两个结果：一是做不到，二是做走样了。若不然，岂不

人人都是巴菲特了？

你无法确定哪里才是低谷，何时才是最佳的买进时机。这些问题你不可能请教巴菲特。如果你认为是市场最低谷想入市，别人也认为是市场最低谷想入市，那么那个点一定不是市场最低谷。

很多时候我们都爱自作聪明地以为别人都恐惧了只有自己最勇敢，或者以为别人都贪婪了只有自己最清醒，结果正应了那句老话：猪也是这么想的。这种思维使得有些人年年亏钱，年年成为"套牢族"。如果事后证明你真是在最低谷买进的，那只说明你的运气超好。

我的一个朋友就吃了高抛低吸的大亏。他发现有只股票从10元跌到6元，那时他自以为股票跌了将近一半，是底部了，便大胆买入。不料，一个月后这只股票又跌了4元多钱。他又想，这次应该是底部了吧，于是连忙补仓。哪想到，这只股票真不"给力"，两个礼拜后又跌去一元多。朋友心慌了，害怕它一跌到底，到时利润全无了！于是赶紧忍痛割肉，洒泪出局。

我想，如果你炒过股的话，或许也经历过类似的事情。底部很少是你所能想象到的价位。试想，如果多数人能够看到这个底部，那么庄家到哪去收集便宜的筹码呢？有人可能会反驳说："低吸我拿不准，高抛终归没错吧？"从字意上看是正确的，但在实际操作中，有几人能真正抛高？很多人都犯过为了获小利而失去后面绝大部分利润的错误，这更是让人心痛的事。

此时，你不妨反过来思索，把焦点暂时从热闹的股市中移开，

逆转思维

转向一个人,他就是庄家。猜猜看,庄家最怕什么?告诉你,庄家最怕你不看他!因为庄家深知你的贪婪与恐惧,利用你这类中小散户的弱点,与你对着干。庄家的阴谋会通过操盘手传递给你,明明股票要起动,却一路凶杀,你不抛出,他决不会停止;明明要出货,却拼命放量拉抬股价,而你挡不住诱惑冲在最前面。庄家最终是要靠上涨获利的。庄家就这样征服了你,怪只怪你的心太浮躁,习惯了"听风就是雨",习惯了看股市曲线揣度行情。如果你不看他,他的精心策划就全无用武之地了。而他的心里也会直打鼓,他也怕。他怕啥呢?他怕自己赚不到钱,因为他的钱是贷款,他还得给操盘手付薪水呢!

有矛就有盾,既然有蚀财之道,必定有发财之路。所以说,你要能忍一时不快,在别人恐慌时冷静一下,不去凑那份看不懂的热闹,如此一来,就可能使自己提升起来,让庄家们发抖去吧!

做其他生意也是如此。

战国时期有个商人叫白圭。他经常秉持"人弃我取,人取我与"的原则。在丰收季节,农民收的粮食很多,价格就会便宜下来,他就大量买进;这时,蚕丝、漆等因不是收获季节,没有大量上市,价钱自然很高,他就把存有的货物卖出去。到收丝时节,蚕丝大量上市,价格便宜下来,而粮价却高了起来。这时,他就收进蚕丝,卖出粮食,在这低买高卖之间赚取了差价。

不过,这里面有另外一层逻辑。别人贪婪或恐惧,你不一定选择反向的"恐惧或贪婪"。也就是说,你的"贪婪"并非取决于市场"恐惧程度",而是来源于对"绝对估值"的判断。此外,运用逆向思维时一定要注意时机，时间是死的，时机是活的。在对的时间里，可以贪婪，也可以恐惧，怎么痛快怎么赢。

遗憾的是，能做到"别人恐惧时我贪婪，别人贪婪时我恐惧"的人实在是少数。涨的时候，人克服不了贪婪，希望无限量地涨。而到了跌的时候，又克服不了恐惧，希望马上抛掉。即使知道大趋势将发生变化，也不确定何时转折。没办法，事实就是如此。你想少赔点的话，也可以在别人恐惧的时候更恐惧一些，在别人贪婪的时候少贪婪一点。输少当赢，见好就收。

智慧点读

物极必反，当99%的人看多时，市场就可能见顶，而当绝大多数人看空时，市场就会发生质变。

所谓机会，就是去尝试新的、没做过的事

人们大都有求稳而规避风险的心理，这可不是什么好事。害怕冒险的人，也永远没有创富的可能。

我的一个朋友，五年前到某公司工作，到现在一直没有变动。虽然岗位换了几次，但是公司还是那家公司。朋友劝他不要甘于现状，要敢于突破。他也长叹道："说的也是，守着这一亩三分地，能有多大出息！"他也有换工作的念头，甚至偷偷参加过人才招聘会，在网上投简历。可是，招聘单位总不如他的意。随着经历

和年龄的增长，换工作的念头慢慢淡了，直至没有一点儿想法了。看着昔日创业的同学早已赚得钵满盆满，而自己却还是月光族，心里真不是滋味。

跟我的这个朋友类似，世界上有太多的人在糟蹋自己的潜能和才干，每当遇到未知的机遇和挑战时，他们总习惯性地躲开，因为他们不敢冒险。罗斯福说："在人的一生中，没有什么可值得害怕的，唯一值得害怕的，只是害怕本身。"看看你的那些同学、朋友，你会发现，那些保守的人，日子过得平淡无奇，还经常为物价、房价、贷款利率上涨而发愁，而那些胆大的人，却在两三年间混得风生水起。

没有超人的胆识，就没有超凡的成就。风险往往是和收获成正比的。

在那些看似难以捉摸的风险背后，往往隐藏着成功和财富。如果你连尝试的机会都不给自己，成功的机会当然更不会属于你。

微软总裁比尔·盖茨说："所谓机会，就是去尝试新的、没做过的事。可惜在微软神话下，许多人要做的，仅仅是去重复微软的一切。这些不敢创新、不敢冒险的人，要不了多久就会丧失竞争力，又哪来成功的机会呢？"他甚至认为，如果一个机会没有伴随着风险，这种机会通常就不值得花心力去尝试。商战的法则是：冒险越大，赚钱越多。

《马太福音》里有个故事：

某人在去旅行之前，给第一个仆人5000金币，给第二个仆人2000金币，给第三个仆人1000金币。回来后，他将三人叫到跟前，询问他们如何使用那些钱的。第一个仆人用来投资，结果获得了一倍的利润。第二个仆人也是如此。只有第三个仆人害怕失败，把钱藏起来了。这个人重赏了前两个仆人，责罚了第三个仆人。

看完这个故事后，不妨问问自己：曾经有多少次，你也像那位胆小的仆人一样，因为害怕冒险而失去机会？你是不是五年、十年都是一个样子，还在原地踏步？

大多数人为什么不喜欢冒险呢？因为冒险会导致两种结果：一个是"损失惨重"，一个是"收获巨大"。人们不愿冒险，是因为对风险中的"损失"的恐惧超过了对"收获"的渴望。不可否认，任何冒险都会给人带来强烈的不安。但若不敢尝试，你永远都不知道没走过的那条路会是怎样的。思考一下，如果条件都成熟了，你能保证跑在别人的前面吗？有人问张瑞敏，海尔搞得那么好，你们是怎么做决策的？张瑞敏回答："有50%的把握上马，获得的是巨大利润；有80%的把握上马，获得的是平均利润；有100%的把握上马，一上马就死。"张瑞敏的思维正好与常规思维相反，他并非认为越有把握越好，而是告诉人们，在条件不成熟的情况下要学会冒险，若是等所有条件都成熟了，也没了成事的机会。

提倡冒险不是让你瞎闯蛮干，而要把"识"和"胆"结合起来，做到"勇者不惧，智者不惑"，冒险不冒进。

对于那些害怕危险的人，危险无处不在。在过去的经济形态中，你可以不冒险，安安稳稳地坐吃大锅饭。但现在，不冒险反倒成为最大的风险，人们需要勇敢地去挑战问题、挑战自己。将钱存到银行似乎是很安全的，不需要冒什么风险，但通货膨胀将严重地侵蚀金钱的实际价值。胆量是使人从优秀到卓越的最关键因素。没有任何冒险精神的人，就什么也不敢做，也什么都不可能拥有。"富贵险中求"，人没有冒险精神，就只能一辈子平庸。

你看到风险了吗？你回答没有看到，恭喜你，你可以先躺下睡个好觉，因为目前还没有什么可以做的事。你有勇气冒险吗？你回答有，恭喜你，利润会奖励你不畏风险的勇气。

若不先离开海岸，是永远不可能发现新大陆的。

填补市场空白，将缺点转化为卖点

在前几章中，你经常看到这个方法——缺点逆用法。一个人的缺点可以当作亮点、优点，推销产品时自贬、暴露缺陷也能赢得客户的信赖。在这里，我们再论述一下，缺点亦可成为卖点。

日本有个叫丹波的村子。当整个日本都走向富裕时，那里还没有摆脱贫穷和落后，可他们又没有致富秘方，而且村里什么特产都没有。后来，他们去东京请了一位叫井坂弘毅的专家。

第五篇　生意好不好，不在努力在思路

井坂弘毅了解了这个村子的情况后也很为难。最后，他倒过来想，既然只有"贫穷落后"，何不出售贫穷和落后？他向村民建议：要出售贫穷落后，就得再贫穷落后一些。以后别住在房子里，要住到树上去；不要再穿布做的衣服，要穿树皮、兽皮，就像几千年前我们的老祖宗那样生活，这样才会吸引城里人来观光、旅游，从而带来丰厚的旅游收入。村民们照办以后，消息传到各个城市，一时间，游人如织，不到一年，丹波村的村民们都富裕起来了。

"贫穷"一直作为缺点存在于人们的意识中，乏善可陈。可是，这里的人们摆脱贫穷利用的恰恰是贫穷。

在常人眼里，缺点是相当可怕的，是一种风险，意味着失败。一家企业的产品若是有缺点，则恨不得赶紧找块遮羞布遮起来，因为缺点会造成信任危机和市场萎缩。可是，如果你从普通中体会出不普通，反过来考虑如何直接利用这些缺点，那么你也能发现商机。可以这样认为，缺点有时是商机而不是"伤"机。要理解这句话，就要打开思维，放开思路。

我们都知道，所有果汁饮料都会有沉淀。在大多数厂家在瓶体下端标注"若有少量沉淀为天然果肉成分"的同时，农夫果园利用逆思维心理反其道而行之——与其提心吊胆地将问题隐瞒起来，倒不如轻松地告诉消费者。他们以此做宣传口号，在瓶身上醒目地印着"喝前摇一摇"。"摇一摇"暗示消费者——"我是有真材实料的，由三种蔬菜和水果榨制而成"。

在农夫果园的产品手册上有这样一句广为流传的话："在

逆转思维

这个行业里我们所做的不仅仅是增加一个新品牌,而是一个新的产品,一个不为现有'行规'束缚的产品,它的出现一定会改变这个行业的游戏规则。"怀着这种信念,农夫果园把一个经常被行业用作消除饮料内沉淀误会的句子——"如有沉淀,属正常,请摇匀后再喝",变成了一种时尚的喝法。结果连农夫果园的决策者都没想到,依靠这个卖点,饮料的销量一路飙升。这就是"把缺点当特点,把特点当卖点",最终令消费者难忘的经典案例。

如果上例是告诉你应更为低廉地直接利用缺点,那么,下面我们来说说改掉缺点的策略。缺点背后暗藏着市场需求。也就是说,某些商品本身的缺点恰是市场空白之所在,盯住商品的缺点并采用"改进"策略,就能开发出填补市场之需的新产品。这个说法一旦被提出来,"缺点"就变成了一个美妙的词语,它的背后可能隐藏了消费者的期盼、得不到满足的市场需求和产品的市场占有率攀升等让人心动的商机。

研制出斜口杯,这一小小的改进,使日本人的瓷器茶杯在欧洲很是畅销。其实,日本的许多畅销产品其创始人都不是日本人,他们精明的地方就是等别人发明出新产品后,再来找"缺陷",然后迅速更新换代,后发制人占有市场空间。

在国内,也不乏从缺点中寻觅商机的典型事例。

天津毛纺厂生产的一种呢料,因原料成分的不同,着色不一,常常出现白点,销路始终难以打开。后来,设计人员灵机一动,来了个"缺点逆用",一反常态,变消灭白点为扩大白点,制作出了一种新产品——雪花呢。投放市场后，掀起了一股不小的销售旋风，厂方赚了个盆满钵满。

在如今这个"万马奔腾战犹酣"的商品经济世界里，市场的竞争就是智慧的竞争，谁能发现市场空缺，谁就能抢占先机，占有新的市场。可以说，缺点种种，利润种种。如果你连缺点在哪里、是什么都不知道，商机也就无从谈起了。在发现商机的过程中，一个关键点是，你要捕捉、观察消费者的真实需求，才能把缺点转化成让他们认可的卖点。而不是生硬地指鹿为马、颠倒是非。

从现在起，请你重新审视你的企业、你的产品中无法改变的缺点，看看能否从中提炼出对消费者有益的"缺点"，将其浓缩成一个卖点，并如实告诉消费者理由，或许这个方法能够为你带来意想不到的收获呢！

如果能盯住别人的缺陷并生产出弥补缺陷、填补市场空白的新产品，那么赢得更多市场的机会也会随之而来。

打破常规的道路通向智慧宫殿

异想天开用来比喻想法离奇而不切实际；天开，比喻凭空的、根本没有的事情。也许在你的眼中，"异想天开"是贬义词，你对之嗤之以鼻。但是，爱因斯坦说："异想是知识进化的源泉。"布莱克也说："打破常规的道路通向智慧之宫。"敢于"异想"也是值得肯定的，新发明、新创造都是由大多数人眼中的"异想"得来的。

传说公元前 500 年左右，有个叫鲁班的人，一不小心被一种野草的叶子划破了手。他摘下叶片一看，原来叶子两边长着锋利的齿，他的手就是被这些小齿划破的。他还注意到，有一种大蝗虫，它的两个大板牙上也排列着许多小齿，能很快将草叶磨成碎片。鲁班从这两件事上得到了启发。他想，如果把砍伐木头的工具做成锯齿状，不是同样会很锋利吗？他先用大毛竹做锯，发现不太结实，又想到了铁片，最终他发明了锋利的锯。

为什么很多人被草叶划伤，唯独鲁班有了新的发现？是因为他敢于异想。这类的事情有很多。比如，如果有人跟你说，水声可以卖钱，你大概会认为这是在说笑。可是，美国有位叫费涅克的人录下许多种潺潺的水声，复制后贴上"大自然美妙乐章"的标签高价出售，大赚其钱。

为什么人们会认为有些事是异想天开的呢？排除其非逻辑的道理，还因为所谓的"异想"多有悖于人的思维定式。如此，人们才会认为某些想法是痴人说梦，不现实。以下是一些著名人士的断言：

"我们没有理由让每一个人在家中配备一台计算机。"说这话的人名叫肯尼斯·奥尔森，当时是 DEC 的奠基人和总裁。

"飞机是一种有趣的玩具，但没有军事价值。"说这话的人是法国陆军元帅,著名的军事家福煦,时间是1891年。

"无线电之父"李·弗雷斯特博士坚持认为无论将来科学如何发达,人类都不可能登陆月球。

现在我们当然知道,这些"异想"都成了可能,成了我们生活的一部分,反倒是那些信誓旦旦的断言者,被我们写进书里当成了笑柄。比如,李·弗雷斯特博士认为登上月球是不可能的事,结果阿姆斯特朗踏上了月球。肯尼斯·奥尔森认为电脑不能普及每个家庭,现在很多人家里都有一台电脑。

看看下面这些"异想",你是否感兴趣?

如果有一种智能图书检索器,轻轻一点,就能知道图书所处的位置,并能核对其摆放位置是否正确,那该多省事!

如果能存储雷电该多好!

如果能设计出空中停车场,既可以缓解停车难问题,又能充分利用空间,那该有多好!

没有异想,天是永远不会开的。换句话说,就是"没有做不到,只有想不到"。很多事情不怕你不去做,最怕的是你不去想。只要你有了想法,且愿意为这个想法行动,可能结果不一定是你最初想要的,但一定会是最好的。试想,如果所有人都墨守成规的话,可能我们现在仍然过着愚昧、落后的生活。

发明创造需要异想天开,发现商机也需要它。比如,你想过为别人管理衣物吗?女人大多喜欢盲目购物,买回来后一年也穿不了几回,可喜欢追逐潮流的她们发现自己的衣橱已塞不下新衣服了。怎么办呢?有人据此建立了一个"衣服超市",专门为那

逆转思维

些衣服太多的人保管衣服。那里有除尘防虫设施，有集体储物的大长廊，也有小储物柜，用来存放衣服和鞋子。他们还建立了客户档案，以提供专业的衣物护理服务。根据衣服的多少、档次，向顾客收取一定的佣金。怎么样，这个异想不错吧？

十多年前，美国人时兴在家里养鸟。让人颇为烦恼的是，鸟的粪便到处都是。有个商人灵机一动，发明了鸟用尿布。这个商品很小，却解除了养鸟人的烦恼。一块只有巴掌大的尿布是不需要多少投资和技术的。

曾经有一则广告这样说：人类失去联想，世界将会怎样？同样，失去异想，人类将会怎样？异想就是你心中的那根魔棒，千变万化全在于你自己的想象。你只需要挥动魔棒，默念"咒语"，就能缔造一个令人惊奇的世界。尽管有时你会遭到人们的讥讽和嘲笑，被当成是一个傻子，但是，只要你敢想，敢于尝试，也许下一个成功的人就是你！有些想法现在不一定能实现，但谁敢说将来不能？也许，十年后，你的想法就会成为现实。

智慧点读

新发明、新创造都是由大多数人眼中的"异想"得来的，发现商机也是如此。幻想与现实很近，你只需要挥动"魔棒"，默念"咒语"，就能创造新的价值。

小钱是大钱的"祖宗"

钱可是个好东西,它虽不能将人带进天堂,却可以把"天堂"带到人间。因此,发财是不少人最真实的愿望,他们总梦想自己有朝一日能财源滚滚来,潇潇洒洒地做一笔大生意。一提到这点,就有人愁眉苦脸地说:"我是个月光族,靠工作维持生计就不错了,怎么另寻出路赚钱呢?"这是人们普遍存在的一个问题,大家都认为用小钱赚大钱太难了,简直是天方夜谭。真的是这样吗?在科技发达的今天,那种只有下大本钱才能赚大钱的思想认识早已过时了。

在现实生活中,一分钱也能致富。有人反驳说,一分钱不值钱,掉在路上都没人捡,怎么致富?你可别小看这一分钱,若是能"捡上"数万次,可不是小数目呢。

在浙江义乌,有很多这种只赚一分钱的商人。那里的东西便宜到吓死人。比如,卖100根牙签只赚1分钱,还有7角钱的纯棉运动袜,0.19元100支装的双头棉签等。便宜吧?这些商人每件商品只赚一分钱。然而,正是这毫不起眼的一分钱,造就出了这批百万富翁。一个姓王的商贩每天批发牙签10吨,按100根赚1分钱计算,他每天销售约1亿根牙签,稳稳当当进账1万元。

在深圳,有个农妇,在川流不息的街头摆了一个不起眼的小摊位专卖胶卷。当时,市场上的柯达胶卷每卷售价22元,她的进货价是 15 元,而她只卖 15.1 元。谁也想不到,她的一角钱胶卷生意批发量大得惊人,生意越做越火,后来发展成为一家摄影器材店。

事实上,很多成大事、赚大钱者并不是一走上社会就取得了如此业绩。美国权威机构的统计表明,全世界 90% 的亿万富翁都是从一无所有做起的,而通过继承家族产业而成为亿万富翁的人仅占不到 5%。所以,当一个人的条件只是"普通",又没有良好的家庭背景时,那么"先做小事,先赚小钱"绝对没错!

恐怕上述的话很多年轻人不爱听,因为他们大都雄心万丈,看不起小生意,动辄就想上大项目、搞"高精尖",可是又没有资金、技术和人脉。要知道,大利润不是刚创业的人能够把握的,创业的人为了大利润而创业,那基本上都会"死"的。社会上真能"做大事,赚大钱"的人少之又少,更别说一踏入社会就想"做大事,赚大钱"了。有人眼高手低,为了做大生意、赚大钱,竟赔得倾家荡产。与其这样,不如看准不起眼的小商品、小配件,善于发现别人尚未注意的市场缝隙来得更稳妥。

有人说:"小钱是大钱的祖宗。"会挣小钱的人一定会挣大钱,不会挣小钱的人一辈子挣不到钱。"唯利是图"不足取,"微利是图"却能积少成多,是生财之道、赚钱之术。

甭说本钱少干不了大事,人就是在一无所有的情况下,也能赚钱。在《多希望我 20 几岁就知道的事》中,讲述了这样一个实验:

作者给斯坦福大学的学生 5 美元和两小时的时间,看他们怎样利用有限的资源赚钱。结果出人意料,赚钱最多的那些人根本就没用到这 5 美元。这些学生没有让 5 美元禁锢自己的思维,因为他们知道5美元本身没有太大的价值。那么，他们是如何在一无所有的情况下赚钱的呢？

有些学生发现每逢周六晚上，热门餐厅门口就会排起长队，很多食客没有位子。他们决定在那些不想花时间排队等候的人身上赚钱。他们两人一组，分头向好几家餐厅预订座位。用餐时间快到时，再把订到的座位卖给不想在长长队伍中等待的人，每个位子最多可以卖到20美元！

有些学生在校门口支了一个摊位，免费检测自行车轮胎的气压，如果轮胎需要充气的话，就收取0.1美元的费用。后来，他们改用顾客自愿付费的形式。没想到，顾客更愿意为这项免费的服务多付一些钱。

你看，一无所有也能赚钱吧？要是认为没有钱干不了事业，现在给你100万你也干不了！

各位，读到这里的时候，是不是头脑中已有了某个想法？若是这样，那么恭喜你，因为你可能要从赚小钱开始，成为一个实干家了。

智慧点读

成为亿万富翁不是一次机会，而是一种选择。要做生意，钱可能是1%的问题。有了智慧，就有可能整合一切资源。小比例的盈利具有稳定和可靠的保证，只要你能稳定获利天天赚，累积的"小钱"将会变成惊人的"大钱"。

只有放错的垃圾,没有寻不见的财富

有个人叫毛晓林,他是家牛肉面店的老板,所以经常去屠宰场买牛肉。一次,他看到墙角有大量剔完的牛骨头,上面还带有少量的肉屑。询问后得知,这些牛骨头是准备丢掉的。于是毛晓林拿了四五斤,回家后洗干净,放在卤料里跟牛肉混合在一起卤,卤好之后,家人和客户品尝后都说味道不错。于是他常将牛骨头作为赠品送给顾客吃。

直到有一天,有顾客专门来吃牛骨头这道菜,还愿意出牛肉的价格。他想:既然好吃,就可以开发成一道菜卖给顾客吃,何况牛骨头又没人要,容易买到又便宜,这是一个商机。毛晓林反复研制,终于做出一种市场上没有的怪味牛骨头,成为当地的特色菜。一时间,来他店里吃牛骨头成了小城的时尚,各地的食客都慕名而来,他也因此成了城里最有名的"牛骨头大王"。

毛晓林的成功在于运用了逆思维,他把被人忽视、没人要的东西开发出来,让自己在市场上独领风骚。很多人说现在的竞争激烈,如果能像毛晓林那样,从被大家忽视了的东西和地方中寻找突破寻找商机,也可能找到自己的"阳光大道"。

杭州的郑子欣也是一个有心人。她发现每次婚礼或庆典活动进入高潮时,大家抛撒的花瓣不是真的,而是合成的塑料花瓣。她问朋友,朋友说:"哪有那么多的鲜花瓣呢,杭州的婚庆公司都用这个。"郑子欣想到自己工作的花店,每天都有好多被扔掉的残花。于是,她悄悄地把这些残花收集起来。她按颜色将花瓣分类,装进袋子里。然后到一家婚庆公司推销。老板认为这种花瓣要比塑料花瓣好多了,当即向郑子欣以每公斤60元的价格订购了一些。第一个月下来,郑子欣靠卖花瓣就挣了5000多元。

可是,鲜花瓣容易干枯,况且婚庆公司又不是时常有活动,这导致了很多鲜花瓣被白白地浪费掉了。这时,郑子欣又把鲜花瓣加工成干花瓣。这个创意深得客户的赞赏。在婚礼现场,撒干花瓣还能营造出五彩缤纷、天女散花般的效果。

之后,郑子欣以每年1000元的收购费用同十多家花店签订了协议,收购残化。被当作垃圾处理的残花也能卖钱,不明底细的花店老板暗自高兴。随后,郑子欣辞去工作,开了家干花瓣专营店。到2003年8月,郑子欣每个月的纯利润都保持在1万元左右。郑子欣运用逆向思维,将别人视为"废物"的残花变成了金子,这就是反常规思维的好处。

教育理论家狄德罗说过:"知道事物应该是什么样,说明你是聪明的人;知道事物实际是什么样,说明你是有经验的人;知道怎样使事物变得更好,说明你是有才能的人。"不值钱的东西不仅没人要,把它当垃圾还要花钱请人来处理。可就是这些不值钱没人要的东西,在有眼光有头脑的人那里成了大宝贝,能够赚大钱。就像毛晓林、郑子欣那样,把废品也可变为商品,卖出高价钱。

你也可以用逆思维心理学，变废为宝。这里给你提供两个建议：

一是改变自身属性。对"废物"进行合理的加工、改造、拆分或重组，它就有可能释放潜在的使用价值，变废为宝。比如，缙云县东渡镇的姚子生经过长期摸索，想出奇招，把滞销的橘子用来酿酒，其收益远比单卖橘子要高。

二是改变销售市场。对你没用的东西，兴许在别人那里能派上用场。例如，黑白电视机在中国市场上早就看不到了，可非洲朋友把它当成宝。因为黑白电视机价格低廉，对于贫穷的他们来说是最经济的选择。

某事物之所以被称之为"废"，是因为它已不能发挥自身的使用价值了，但这并不代表它不具有使用价值。记住一句话："没有不值钱的东西，关键在于用什么办法把它们变成钱。"

智慧点读

只有放错的垃圾，没有寻不见的财富。

不在乎等价交换，只在乎各取所需

很多人对"别针换别墅"的故事并不陌生：

2005年7月，美国有个叫麦克唐纳的青年利用互联网，用一个特大的红色曲别针先后换来钢笔、啤酒桶、雪地汽车、外出旅游机会、音乐合同等，最后经过一番周折，终于换回一套别墅。详细过程如下：

第 1 次交换：用红色曲别针换来一支鱼形钢笔；

第 2 次交换：用钢笔换到一个绘有笑脸的陶瓷门把手；

第 3 次交换：用把手换到一个烤炉；

第 4 次交换：用烤炉换到一台发电机；

第 5 次交换：用发电机换到一个历史悠久的百威啤酒桶；

第 6 次交换：用酒桶换到一辆旧的雪地汽车；

第 7 次交换：用雪地汽车换到一次前往落基山的旅游机会；

第 8 次交换：用旅游机会换来一辆敞篷车；

第 9 次交换：用敞篷车换到一份录制唱片的合同；

第 10 次交换：将合同给了一名歌手，歌手感激涕零地给了他一套双层公寓！

麦克唐纳的故事到这里就结束了，但是他的传奇吸引着一些时尚男女加入网络交换的游戏，开始了他们的"换客"生涯。小煜就是其中一位。

小煜在"扬城换客"群上留言，想用一套正版的《NBA2006》游戏软件"求换"一辆自行车。两天后，有个人联系她，在询问了相关事宜后，二人约好见面地点准备交换，让小煜都没想到的是，这么快就实现了交换。奇迹还在继续。小煜继续更新网上留言。经过多次"自由交换"，她用这辆自行车先后换到了香水、手机、价值一千多元的多功能登山包。后来，有个驴友联系她，想用一台旧电脑换她手中的登山包。于是，当初的一款已失去"使用价值"

的软件，就这样换来了一台电脑。

与小煜类似，很多人的交换过程可以说是"天马行空"：化妆品换成数码产品，用旧军装换新手机，用考研书籍换流行小说。需求决定了换物法则，只要喜欢，就不必在意换得值不值。至于物品本来是花多少钱购买的，已变得不那么重要。

而各种易物网站也如雨后春笋般成长起来，例如"换来换去"网、"易物"网、"搜换"网、"欧亿网易货通""换啦同城易物"网、"易贝"网、"68换物"网等。一些地方还出现了以地区为范围的现场交易活动。

你是不是也有很多冲动消费时买下的衣服、鞋子，或是闲置的书籍、电子用品、化妆品、生活用品、婴幼儿用品、玩具等，用处不大但弃之可惜？这些闲置物品，不仅占据了一定的空间，也丧失了本身的价值。那么，不妨拿到网上换自己喜欢的东西吧！"以你所有换人所求"，不仅让"鸡肋"找到了好归宿，又收获了自己需要的"熊掌"，何乐而不为？只有想不到，没有换不到。一些对你来说是累赘的东西，只要摇身一换，就成了别人的宝贝。

与"曲别针换别墅"相对的，是安徒生讲的一个童话故事：一个老头子牵着一匹骏马去集市，一路上用马换牛、用牛换鹅、用鹅换鸡、用鸡换了一筐烂苹果。

无论是古典经济学的劳动价值理论，还是凯恩斯主义的有效需求原理，都无法解释这样一个等式："一枚曲别针等于一座大别墅"以及"一匹骏马等于一筐烂苹果"。因为人是理性的，都想以最小的成本和代价获取个人利益的最大化。但"换客"们却颠覆了这点。他们用逆思维心理，把自己不用的闲置品，拿来交换成对自己有用的东西。

其实，不管是别针换别墅，还是骏马换烂苹果，都不是一个经济范畴的事。"换客"们是感性的经济人，他们是在交换中寻求乐趣。正所谓，"醉翁之意不在酒，在乎交换之间也"！

看到这里，你再想想，是不是可以将公司发的购物卡等换成现金呢？或者干脆自己开一个小店，给"换客"们搭建一个交易平台。先选好地址，再号召网友们将闲置物品寄过来，你将这些物品标上价格，如此就可以正式开张了。物品卖出去后，你可根据标价收取20%的交易费，另外每件物品收取一些寄存费。

还有吗，你还想到了什么？

智慧点读

让闲置不用的东西都活起来、流动起来，这不失为一种"废物利用"的新方式。不在乎等价交换，只在乎各取所需。这既是"换享工场"活动，也可以被当成一门生意来做。

对抗不如对话，竞争不如"竞合"

瑞典科学家诺贝尔在读小学的时候，成绩一直名列班上的第二名，第一名总是一个名为柏济的同学。一次，柏济因为生病而请了长假。有人私下为诺贝尔感到高兴,"柏济耽误了那么多的功课,看来这回你得拿第一名了!"但诺贝尔并不因此而沾沾自喜,反而将其在校所学做成完整的笔记寄给了躺在病床上的柏济。结果,那个学期末,柏济依旧名列第一,诺贝尔则排在第二。

在对手处于劣势的情况下,诺贝尔并未落井下石,而是竭尽全力帮助对方,这是多么大度啊!诺贝尔不仅赢得了大家的称赞,还把本来是劲敌的柏济变成了好友。

由于升学和就业的压力,从小到大,我们就被灌输一种竞争意识,甚至将自己的好友也当作对手,彼此防备。正因如此,我们常常忽略了合作的重要。其实,不要刻意把可能是伙伴的人变成对手,对抗不如对话,竞争不如竞合。

卡尔从事卖砖的生意。最近,有个竞争对手到处散播谣言,说卡尔的砖块质量差,一时间,卡尔的生意惨淡,还失去了一份25万块砖的订单。碰上这种事,谁都想狠狠地打击对手。一天,好友听了卡尔的抱怨后说:"不要刻意制造对手,如果有可能还要将劲敌变为好友。这样,自己可少些麻烦。"卡尔听后若有所思。

当天下午,卡尔在拜访客户时发现,有个客户正为新盖一幢办公大楼而发愁。他想要的砖并不是卡尔他们公司所能制造供应的那种型号,但与卡尔的竞争对手的产品很相似。同时,卡尔也确信,那位诋毁他的对手并不知道这件事。这让卡尔左右为难。经过一番心理斗争后,他拨通了对手的电话,礼貌地告诉他有笔生意。当时,对方哽咽得一句话也没说。后来,对手终止了散播谣言。甚至还把他无法处理的一些生意转给卡尔做。现在,他们成了友好合作伙伴,双方互通有无,不再相互排挤了。

不刻意把合作伙伴变为敌人,是避免别人伤害自己的上策,也是壮大自己的一个良方。我们常说"一个和尚挑水吃,两个和尚抬水吃,三个和尚没水吃",这是由于互相比的结果。若是转变思维方式,变"比"为"让",变"比"为"合",则会成为一个和尚没水吃,三个和尚水多得吃不完。三个和尚可以搞个"接力",每人挑一段。这样就算从早到晚不停地挑,谁都不会太累,水也会很快挑满的。俗话说:"人心齐,泰山移。"只要团结协作、相互关心、相互爱护,"仨和尚"不但有水吃,而且生活工作都会很愉快。

我们和对手的关系也是如此。要转变一下思维了,我们与对手的格局不一定是你死我活,水火不相容。许多对手都是在各自利益中产生的,有时只是我们的单方面想象。因此,敌和友是可以互相转化的,没有天生的不可逆转的敌人,如何把"敌人"变成"朋友",就看我们的心胸和处理问题的方式了。

在《水浒传》中,梁山泊的掌门人宋江就善于化敌为友。每次战斗结束,他却会对俘获的敌军将领彬彬有礼,殷勤相待。有些名气大的将领,宋江甚至要让出自己的宝座。这让敌人受宠若惊,敌对情绪马上烟消云散,当即表示愿意投降。梁山泊一大批杰出的文武人才就这样聚集到宋江的旗下,成了宋江的朋友,最后死心塌地地为宋江出生入死。

由此来看，比起树敌，懂得利用敌人的人才是真正的高手。为人处世如此，做生意也是如此。

众所周知，微软和苹果两大公司自20世纪80年代起就一直处于敌对状态，约伯斯和比尔·盖茨为争夺个人计算机这一新兴市场的控制权展开了激烈的竞争。20世纪90年代中期，微软公司占有约90%的市场份额，而苹果公司则处境艰难。让人想不到的是，1997年，微软向苹果公司投资1.5亿美元，把苹果公司从倒闭的边缘拉了回来。2000年，微软为苹果推出了Office2001。自此，微软与苹果真正实现双赢，他们的合作伙伴关系进入了一个新时代。

商圈中有很多这样的例子，三星电子和索尼，奔驰和宝马等竞争者之间进行业务合作时，就利用这种营销方式取得了很好的综合效果。大商人李嘉诚也有这种双赢的思维。

李嘉诚倡导利润分享。他认为，让每个合作环节、每位合作伙伴都有利可图，这样的生意才是最成功的，也才有可能做大。例如，李嘉诚鼎助包玉刚购得九龙仓，又从置地手中购得港灯，还率领华商众豪"围攻"置地，但李嘉诚并没有为此而与纽璧坚、凯瑟克结为冤家而不共戴天。每一次战役之后，他们都握手言和，并联手发展地产项目。

林肯曾说过："当敌人变成我的朋友时，难道我不是在消灭他们吗？"在商战中，是"朋友"多好，还是"敌人"多好呢？答案是显而易见的。现如今，单打独斗的生存土壤已很难找到。

竞争越激烈就越需要合作，因为只有优势互补才能走出"迷宫"，寻找到彼此香喷喷的"奶酪"，并产生新的能量。

> **智慧点读**
>
> 敌人变成朋友，比朋友更可靠；朋友变成敌人，比敌人更危险。

别人怕露怯，我却积极寻找不足

"顾客就是上帝"这句话一直以来都被商家视作经营管理理念，它要求企业应像尊重上帝一样尊重顾客，以顾客为中心，以最好的态度让顾客满意，以此来提高销量，实现利润。然而，现实情况与此相反，越来越多的不负责任的商家置顾客的利益于不顾，眼里只有钱，没了良知，所以，"顾客就是上帝"的口号也越来越让消费者不屑。在他们看来，"顾客没花钱之前是上帝，花钱之后是伤帝""没交钱之前是上帝，交完钱你就是孙子""'顾客是上帝'只不过是表面文章，是空头支票，是在忽悠顾客""'顾客是上帝'，是自欺欺人的说法。现在的消费者有话没处说，有理没处诉，有怨没处伸，有状没处告"。

商家害怕顾客的批评，害怕顾客的揭发，大多数商家视顾客的意见为洪水猛兽，对自己的问题能遮便遮，能掩便掩。其实，这样的认识是会将企业推向绝路的，当问题愈演愈烈之时，便是企业覆亡之日。

真正聪明的商家不会以遮丑为手段，而是反其道而行，逆思维而动，别人怕露怯，我却积极寻找不足，以此作为改进的依据，更作为扬名的手段。

善于听取顾客的意见和建议，这本应是商家进步的根本，然而现在却成为商家取胜的独特之处了。

星巴克就很注重客户的意见。有些顾客建议应该堵住盖子上的那个小孔以防咖啡溅出来，于是星巴克便推出了一种可重复使用的"防溅小棒"来解决这个问题。星巴克还建立了企业网站。在网站上，顾客可以提出建议，同时也可以参与投票和讨论，星巴克由此可以得知哪些建议会获得多数人的支持，从而为顾客们提供一个表达其需求的平台。负责网站的星巴克技术总监克里斯·布鲁佐补充说："此举还旨在打开与顾客对话的窗口，并将其融入我们公司机体。"

60岁的坎塔卢普1974年加入麦当劳的金融部门，此后又在营运部门工作了20年。他的原则是离开店铺前一定要与顾客进行交流，他热衷于收集客户的意见。他还启用一个人人都能理解的标准，对餐厅服务进行评估。

这些老牌商店为什么一直长盛不衰？就是因为他们的思路区别于那些目光短浅的生意人，不怕顾客有意见，就怕顾客没意见。这些成功的商家，为了达到改进和吸引顾客的目的，甚至花钱来买顾客的意见。例如，洛阳容威家电为了感谢一位顾客提出的宝贵建议，奖励其500元现金，并请顾客到容威家电上海店继续与店长沟通并提出建议,以改善自身的服务质量。这样的例子数不胜数。

2011年3月15日,广源商都邀请顾客进商都就商业管理与服务等工作,挑毛病,出点子,买卖双方共同打造放心减信的消费环境。他们还特别邀请广大消费者走进商都,帮助管理者查找问题,提出意见和建议。对于顾客提出的合理化建议,商都将给予奖励。

某商场规定只要市民提的意见和建议无重复、不含污言秽语、具体实际,就能当场获得10元的奖励,如果能提出对企业发展有重大影响、对发展决策有建设性意义的建议,最高能获得1万元的奖励。

商家花钱买意见、"花钱买批评",这着实是一着"拉拢"消费者的好棋,当然,这绝不能仅仅是作秀,必须将此作为完善企业的依据。顾客提出各种疑问、意见、建议、批评是销售活动中的一种必然现象,只有了解隐藏在顾客反对意见背后的问题,才能有的放矢地处理好反对意见。在听取顾客意见的同时,一边着手解决问题,这种实事求是的诚恳态度会感化顾客,化解他对商品的怨气,使他配合你一起消除产品不尽如人意的地方,达到建立信任、促进交易的目的。反之,如果仅仅是想利用这种方式吸引眼球,而不实际改进的话,早晚会露出丑态,失掉生存机会。

海尔集团首席执行官张瑞敏说得好:"从本质上讲,营销不是卖出东西而是买。买进来的是用户的意见,然后根据用户意见

逆转思维

改进，达到用户的要求，最后才能得到用户的忠诚度，企业也才能获得成功。"

　　善于倾听顾客的意见，要比单纯地把产品卖出去显得更重要。用心倾听每一个顾客的声音，把顾客希望得到改善的部分和顾客不希望看到的部分一一记录下来，并且将这些意见都落实到经营中去，也就不难发现平时想不到的新突破口了。如果你现在就准备转变思维，利用顾客意见，我想，还来得及！

　　商家要从思想和规则的角度考虑，为客户服务，而不是站在企业单独经营的立场上决策一切。不考虑顾客的意见，只考虑自己的利益，终将失去长远大利。

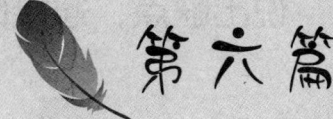

第六篇

买和卖，就是一场心理博弈战

在日常生活中，我们会发现，顾客与销售人员之间总是对立的，他们之间永远是一种博弈关系。销售人员越是极力推销，顾客越是不买，这是顾客的逆反心理在作怪。而作为销售人员，卖出产品永远是终极目的。如何才能掌握销售的主动权？本篇送你一个思考的魔盒，以改变以往大多数销售人员正向宣传的思路，找到一些提升销量的独特方法，真正引导你走上销售逆思考之路。

说出缺点，迎接你的不一定是刀枪棍棒

俗话说："王婆卖瓜，自卖自夸。"王婆卖瓜自夸，是夸自己的瓜大、瓜好、瓜甜，是为了千方百计卖个好价钱。不仅卖瓜的自夸，如今"自卖自夸"的现象遍地都是，大到出巨资请名人做电视广告，小到街头的商贩扯破嗓子叫卖。谁人有粉不往自己脸上擦？商家认为唯有自夸才能引起他人的重视，成功地将自己的商品推销出去。

不过，现在许多人都大力鼓吹自己的商品"誉满全球""全国第一""质量上乘"等，恨不得将此间所有的赞美之词都用尽。比如："这是最新款的面霜，有最好的保湿增白效果。""这是新出炉蛋糕，味道好而且营养高。""这是最好的电磁炉，物美价廉，机会难得！"……

你不觉得这类推销内容千篇一律，毫无新意吗？不能让消费者在比较中感觉到商品的差异性，也就不易留下深刻的印象，甚至会对广告宣传产生怀疑或厌倦心理。你可能会反驳道："推销不就是要尽力把自己的优点传达给对方吗？"是，但不全是。想想看：如果我把一件商品说得十全十美，你信吗？当然不信。就像我们买瓜时一样，对方总是说有多甜，我们不尝自然不会轻易相信。虽然"王婆"的瓜最后能不能卖得好关键不在于她"自卖自夸"的技巧，而取决于其"瓜"本身，可是如果反过来，"王

婆卖瓜自卖自贬",那会怎样？

有人会说："缺点？呵，我们产品最大的缺点就是没有缺点！王婆要是实话实说，那肯定吓得人不敢去买她的瓜了！"物极必反，你就不能换个思考方式？

记得有朋友跟我说过，他曾在一个商场买钢笔。刚要购买时，售货员说笔胆储存墨水少，不适宜外出带着使用。他看中一个相册，售货员又说，相册有一个缺点，就是保存的相片需要过塑，不然就会容易受潮导致相片破损。

朋友纳闷了，问道："怎么又是缺点，难道你们商场里卖的东西都有缺点？"售货员是这样说的："我们商场就是要让来此购物的顾客明白自己所购商品的缺点，让他们在使用的过程中注意正确使用，这样就可以避免不必要的损失。"朋友听后并没有打退堂鼓，反而更加坚定了购物的决心。

生活中，人们总是积极地向别人展示其优点、推销其长处，从来不愿提及缺点，可是这家商场却恰好相反。他们这种做法更显真诚，因此赢得了无数顾客的好感。

一般来讲，人们在购买某一件产品时，会先看这件产品的优点，但心里有15%是处于不太信任的状态。这点你懂得——广告和商家的宣传，多少都会有夸大的成分，就算你说没有，顾客也会认为有。而且，顾客还会反复看产品，以寻找出它的缺点和不足。因为他们要知道自己在购买后可能出现哪些问题。再说，货比三家，在来你这之前，他们可能去看过几件同类的商品，也听那里的推销员谈到产品的优缺点，或许还包括你的。如果这时你直接列出产品的缺点，顾客会认为你更可靠，因为你尊重了消费者的知情权，并能正视自己的问题，这说明，你是一个有责任、有认知的商家。

还有的商家大力宣传自己是亏本出售，但谁信呢？世上没有不赚钱的商人，所以你再怎么说自己亏本，哪怕你真的是亏本，顾客也不会相信的。与其这样，还不如坦然地说出缺点来。

不过，列举缺点也要适度，没必要无中生有，更不需夸大其词。你的最终目的还是要卖出商品。既然这样，你只要实事求是地说出产品还有哪些不足，并保证自己已努力改进了，售后服务都很到位等即可。

消费者的眼睛是雪亮的。有些缺点你就是掩饰得再好，也会被有"慧眼"的消费者看穿。如果有用户投诉你，你的名誉必将受损。

最重要的是，你的产品的优点应远远大于所暴露的缺点。如果有可靠的质量做保证，那么完全可以使用这种方式，而真正有购买意图的消费者并不会离你远去。当你切身地将自己立足于消费者的一方时，更容易得到消费者的信任，从而接受你及你的产品，可能还会成为你的长期客户和支持者。

美籍华裔商人王天赐说："在当前的投资环境中，如果一个企业家表现得真诚坦率，我们不但会觉得他具有接受现实的成熟风格，并且具有总揽全局的视野，而不是仅仅片面地看待问题。"

你的产品有缺点吗？如果有，别怕，说出来，迎接你的不一定都是刀枪棍棒。

> **智慧点读**
>
> 如果你因隐瞒事实而获得了利润，你将面临更大的风险和损失。

越是标明不准偷看，人们越是想看个明白

一家酒吧在门口放了一个大酒桶，桶壁上写着四个醒目的大字："不准偷看"。路人纷纷猜测里面是什么，胆大者竟跑过去要看个究竟。他们把头探进桶里，一股清醇芳香的酒味扑鼻而来，酒桶底隐约可见"本店美酒与众不同，请享用"的字样。结果，不少人酒瘾顿起，就到酒吧里畅饮几杯。于是，这家酒吧的生意比周围的酒吧都好。

大多数经营者都习惯于正向思考，于是我们看到的更多是商家的正面宣传——我的商品多么好，我的商品多么便宜，我的商品性价比多高……殊不知，利用逆反心理，求异思考，引起人的好奇感，能招揽更多的顾客。这家酒吧的老板就是利用逆反心理来刺激顾客的好奇心，越是标明不准偷看，人们越是想看个明白。通过这个例子我们可以看到：在做生意时，一定要想方设法把自己的产品卖点神秘化。比如：我的笔写出来的字有香味，这种产品肯定能引起人们的好奇心。

皇冠牌香烟一度在西欧的某个海滨城市滞销。有个推销员看到在海滨浴场有许多禁止吸烟的广告牌，于是想出了一个方法，

逆转思维

在各旅游景点和公共场所到处张贴广告："吸烟有害健康,此地禁止吸烟。'皇冠'也不例外。"人们看到这则广告后,都有这样的疑问:"皇冠是什么烟?它有何不同之处?"在强烈好奇心的驱使下,烟民们纷纷购买皇冠香烟一尝究竟。结果,皇冠牌香烟在当地一炮打响,成了的畅销货。这个例子更进一步说明,好奇心很容易让人们记住你的产品。

当人们对于面前的事物难以理解,觉得新鲜有趣的时候,想要了解它、尝试它的好奇心就产生了。所以,促使消费者产生新鲜感和好奇心,是商家的一个有效手段。

日本的一家商店生意冷清。为了吸引顾客,老板在商场顶层设了一个小动物园,兼营金鱼、热带鱼、乌龟等小动物。这下,不管是成人还是孩童,都喜欢来这家商店,观赏的同时也买了不少物品,结果这家商店扭亏为盈。

好奇心是人的天性,所以销售员也可在推销产品时制造一些悬念,引起客户的注意和兴趣,然后迅速转入洽谈阶段。如果你的产品或者你对产品的描述可以激发客户的好奇心,那么你就再也不用担心销售了。

一位销售新型打印机的销售员推开客户办公室的门时,礼貌地对客户说:"您好!您想知道一种能使办公效率提高又能有效降低成本的办法吗?"这样一说,哪个客户不心动,不想探个究竟呢?当客户的好奇心被紧紧抓住以后,销售员就不失时机地,宣传新型打印机的诸多好处,最终实现了销售的目的。

在一次贸易洽谈会上,卖方对一个正在观看公司产品说明的买方说:"您想买什么呢?"

买方说:"这里没什么可买的。"

卖方说:"对呀,别人也这样说过。"

当买方正为此得意时,卖方又微笑着说:"不过,他们后来都改变了看法。"

"哦?为什么呢?"买方好奇地问道。

于是,卖方开始进入正式推销阶段,最终公司的产品得以卖出。

当你准备向客户推销产品时,他们有种本能的逆反心理,他们通常会这样认为:"这个家伙又想让我掏钱买他们的东西,没门!""天上没有白掉下来的馅饼!我才不相信你呢!"因此,有的客户会冷漠地拒绝,有的冲你摇摇头,摆摆手,表示不需要你的产品。即便有些客户微笑且耐心地听你讲述,他们在心里也会对你及你推销的产品产生怀疑。最见效的方法就是激起客户的好奇心。当人们对你的产品很好奇时,会谈的气氛会变得活跃起来,好奇心使得人们更加投入,注意力更加集中,甚至身体也会向你靠拢过来。有好奇心的客户愿意更多地了解你的产品和服务,人们不太可能既好奇又逆反。

如何激发顾客的好奇心呢?

一是制造悬念,比如提出刺激性的问题。最常见的问题就是"猜猜看"。其实,这句话与"我能问个问题吗?"意思基本一样,但给人的感觉却是天壤之别。如果以前者,客户心里就会想,到底是什么呢?如果以后者来提问,就只能回答好或者不好的答案。能唤起好奇心的语言十分丰富,不仅仅是单调地向客户说:"先生,请您仔细想想,您今天遇到了什么特别的事情?"一位人寿保险代理商每次一接近准客户就问:"如果您坐在一艘正在下沉的小船上,您愿意花多少钱保住性命?"这个令人感到好奇的问题,也常常能引起一段令人好奇的对话,并能借此引发顾客对保险的重视和购买的欲望。

二是提供部分信息。你发现了吗,你越是想全面地介绍你的产品,客户越会不耐烦。你滔滔不绝地讲个不停,恨不得三两分钟就能成交,可事实恰恰是相反的。客户已经对你不感兴趣了,他们早就嫌你啰嗦了。你必须有信息给客户,尽量从边缘模糊的功能说起,让客户对你保持相当的好奇心。

现在,就立即修改你的广告词和对产品的描述,"一定要让广告词像魔术、像谜语、像半裸的少女。让客户忍不住,想要掀开表面,看到内在。而揭秘的代价,就是购买!"你能做到吗?

智慧点读

同样的商品如果运用逆向思维,站在消费者的角度考虑问题,利用人的好奇心理,就能引来无限商机,其所取得的效果是普通促销方式难以比拟的。

限量版真的是为了限量吗

一家服装店在门口放了块牌子,上面写道:为了质量,我们每天只为您挑选20件上乘衣服!

的确，在这家店里面你只能看到20件衣服，多一件都没有。衣服的价格稍微高了一点，可人们还是络绎不绝地前去光顾、购买。

上述场景想必你并不奇怪吧？我们身边有太多限量促销的活动，比如限量出售各种手机、限量出售水晶卡、限量出售高品质玩具等。"限定"的方法可以运用在数量上。为了促销，厂家或者供应商给商场提供一定数量的特价产品，为商场和产品造势，例如："只送给前20名的购买者""只有前5位的购买者可以打7折"等。

北京南锣鼓巷有家店名叫文字的奶酪店，每天从四面八方赶来的吃客大呼"供不应求"，要求增加供应量，可店老板完全不为所动，恪守着自己的准则：每天500份，卖完关门。有人认为这是一招厉害的"限量版"营销战略，因为限量，所以难得，才会抢手，要是敞开了卖，卖到晚上还剩一堆，那生意绝对不会像现在这么红火。

此例也是因为数量上的限制，激发了人们的购买欲。

还有的采取时间上的限制。为了促销，商家给商场或者经销商一个特价，在限定的时间内将产品强力推出的，这个时候所谓的限量，其实就是限时，过了这个时间就没有这个价格了。

有些限量是清仓处理，卖完库存就没有了。还有一种限量就是"忽悠"，以此手段造势，吸引消费者眼球。

一家日用百货商店积压了不少洗衣粉，店长决定降价处理。一个月过去了，仍然无人问津。后来他们在店门口贴出了一条广告："本店出售洗衣粉，每人每次限购一袋。"顾客看了广告后纷纷猜测："为什么每人只可以买一袋？""是不是洗衣粉又要涨价了？"在这种惊慌、猜疑心理的支配下，人们开始抢购。几天的工夫，洗衣粉就销售一空。

对于那些有钱的人来说，他们在挑选商品时不在乎价格，只希望它代表当今最前卫的时尚潮流，更能体现自信精神，显示自己的地位。这类产品的限量销售，突出的首要特点是"尊贵"。那些限量的汽车、名包就是品牌的"身份证"，因而很容易引起人们的关注。

日本汽车公司推出极具古典浪漫色彩的"费加洛"车时，宣布全部汽车生产数量只有2万台，并保证事后绝不再生产。消息传出，在广大消费者中造成轰动效应，订单如雪片般飞来。

古驰也曾推出一款运动鞋，在全球范围内引起了时尚爱好者的关注，因为这种配有刺绣的运动鞋属于限量版产品，在全球仅有10双。

限量版是为了限量吗？当然不是。在商言商，所有策略都要围绕利益旋转。限量也不例外。不管限量的原因是什么，它所运用的逆向思维方式都是值得研究和利用的。限量到底有什么作用呢？

1.它很容易给那些优柔寡断的消费者一个"千万别错过"的暗示，使消费者产生"只有一次"或"最后一次"的意识。因为"错过"了就会感觉吃亏，而"没错过"就是捡了便宜，以此促使客户由"迷惑""犹豫不决"迅速转变为果断购买。

2.根据"二八定律"，限量版就是赢利较强的20%的产品。你不要以为限量了，你赚得就少了。你是要靠限量来提高产品的稀缺性，从而增加产品的利润的。比如说，路易威登、古驰、瑞士的某些大品牌手表等。人常说"物以稀为贵"，限量的东西自然价格就高了，尤其是高档品牌或奢侈品。

3. 推出限量版，无疑也是树立了一个视点，能引人注意，提高品牌的知名度。在现实生活中，一个企业在经营某个产品后，一般都会希望大量生产和出售，以获得更多的利润。这是较为常规的做法。然而你可以利用逆思维，在其产品供不应求、货紧价扬的情况下，偏不大量生产。这不是自己给自己设置发财障碍，而是一种高明的营销方式，它不仅不会影响产品的利润，相反还能为你赢得更多的商机。

4. 投石问路，化解风险。换个角度看，将限量版视为实验版或许也不为过。将部分商品放到市场中，观察一下市场的反应，达到投石问路的目的。如果产品确有市场，再批量生产；如果产品不受市场欢迎，就及时停产，以避免更大的亏损。

5. 营造收藏氛围。善于运用限量销售，不仅能创造商机，同时也有利于资金回笼。面对市场饱和、品牌林立、产品同质化的现状，精明的人总能想方设法调动消费者的兴趣，限量销售就是其管用的妙方之一。

智慧点读

只要你有心"限量"，并找到合适的契机，哪怕你不是大品牌，没来头，没历史背景，也能找到理直气壮的理由来限量。

逆转思维

"量大从优"和"量小易卖"你选哪招

有个人开了一家小卖部。夏天的时候,有许多家庭主妇来买啤酒。一件啤酒24瓶,有个主妇无意中抱怨道:"一件这么重,要是少几瓶就好了!"这个人一想:前段时间小卖部堆了好多的啤酒,每天只能零售一小部分,销量却上不去。要是把每件24瓶的啤酒改成每件12瓶,用塑料绳绑好,顾客只需轻轻一提,一件啤酒就可以轻而易举地带回家了。这样做会不会更受欢迎呢?他按照这个想法实施,结果备受欢迎。

面对不断前来购买啤酒的顾客。他把啤酒分别送到他们的车上,或者手里。"老板,还是这种小包装的方便,喝完后我再来买……"

小件和大件的啤酒,每瓶单价不变,但因为量小易拿,方便了顾客,销量自然就上去了。下例中的这个人也是依靠这个方法走出销售困境的。

有个商家苦于饮料卖不出去。一个礼盒装有24听果汁,每听售价4元。很多顾客抱怨这种饮料与市场上的其他饮料比起来太贵了。这个商家考虑一番后,把每个礼盒装的饮料减半。虽然价格没变,奇怪的是,很多顾客都喜欢购买。

你也觉得奇怪吗?其实,有时候将产品数量减半,虽说单价未变,但总价相对小了,从心理上来讲便提高了接受度,更易让消费者来尝试。

"量大从优"是做生意的一种手段,"量小易卖"也是一种销售策略。卖产品不是一次卖得越多越好,而是要考虑到后续销售的问题,有时候一次交易量过大,却会造成没有下次交易的可能,倒不如转变思路,变为"一次交易少,但交易次数多",这也是促进销量的好方法。所以说,做生意不能墨守成规,有时换一种思维方式会取得意想不到的效果。

北京奥组委在2008年奥运会倒数1000天的时候,公布了奥运吉祥物——五个福娃。随即,包括成都在内的全国多个大城市出现了一股抢购奥运吉祥物特许商品的热潮。后来,人们的抢购热情有所降温,为什么?因为福娃太贵了,一套五个福娃的毛绒玩具,大的售价498元,小的也要398元。有人说,如果把福娃拆开卖,还可以咬牙买一个,如果成套的话,根本不会考虑买。为了提高销售量,奥运吉祥物特许商品四川总代理、北京资和信担保有限公司四川分公司不得不提出申请将福娃拆开来卖。结果,销售量出奇地好。

有个叫刘海玲的大学毕业生,在求职屡屡受挫后,决定靠送报纸为生。她发现报纸每天有40多个版面,内容五花八门,而一些人只对其中的某个版面感兴趣,其他版面只是粗粗浏览甚至看都不看。为了迎合这种特定读者的需求,刘海玲拆版卖报,每版1毛钱。如此一来,一份价值5毛钱的报纸,被她卖到了4元。

如果你的产品沉重,价格偏高,你可以采取"量小易卖"的策略。比如儿连包的饼干,买整包价格有些高,分包卖在价格上稍微便宜一些,顾客很可能会抱着尝一尝的心理购买。

智慧点读

> 卖产品不是一次卖得越多越好,而是要考虑到后续销售的问题。有时候一次交易量过大,会造成没有下次交易的可能,倒不如转变思路,变为"一次交易少,但交易次数多",这也是促销的好方法。

越是难以得到的东西,越希望得到它

大部分人都具有这种心理——越是难以得到的东西,越希望得到它。这就是逆反心理。在销售产品时,你也许会发现,越是推销员热情推荐的东西,消费者越是置之不理;把产品说得越好,客户越觉得是假的;越是采取限购等活动,消费者越是喜欢挤破头来购买。赵本山与范伟的小品《卖拐》就是典型的案例,你不卖他偏要买。

这是为什么呢?心理专家研究后表明,人在潜意识中会存在一种自我保护心理,客户也是如此,他们也怕做错决定。当你初次与客户接触时,客户会对你怀有戒备之心,如果此时只是一味强调己方的产品如何如何好、如何如何实用,客户反而会更加警惕,因为害怕受骗而拒绝接受。正因如此,许多客户在购买产品时会表现出一定的逆反心理,销售员越说好的产品,客户越看不起。这种与常理背道而驰,以反常的心理状态来显示自己的"高明""非凡"的行为，往往来自于客户的"逆反心理"。

在这里，给你提个小建议，若能恰当使用逆反心理的话，你越不想卖他就越想买。这种方法看起来特别奇怪，一般的情况是，推销员应该怀着满腔的热忱去游说顾客，谁不希望自己的产品销售出去呢？看到这里，你可能没有真正理解这种推销方式的内涵。下面，我们还是举例说明吧。

刘志华的私家车已经"老"了，最近总发生故障，他决定换一辆新的。这一消息被一些汽车销售公司得知，很多销售人员都登门来访，主动向他推销轿车。他们都热情地介绍自己公司的汽车性能好，适合刘志华使用，更有甚者，还嘲笑刘志华的旧车："你那辆早该换新的了，现在谁还用那个牌子的，有失身份啊！"刘志华嘴上没说什么，可心里特不高兴。

不久，又有一个汽车销售人员登门拜访。刘志华此时已毫无买车的兴致了，他想："不管这个人将自己公司的车夸得多好，我也坚决不买。他的那些或是天花乱坠，或是含沙射影的话，都是为了刺激我尽快做买车的决定。我才不当大傻瓜呢！"

让刘志华万万没想到的是，这名推销员看了一眼他的车后，说："我觉得您这部老车还可以用一年半载的，现在换未免有点可惜，我看还是过一段时间再说吧！"说完留下一张名片就走了。

"真奇怪啊，这推销员怎么这样？他与我想象的和接触过的那些推销员大不一样啊！"刘志华心想，"其实我也不差这一年半载的时间，不如现在就买。"就这样，刘志华的逆反心理消失了，他主动给那个推销员打电话，订购了一辆新车。

为什么最后那个推销员没有积极推销，却成功打动了客户呢？因为他熟练地利用了逆反心理。他知道，刘志华很想买车，但之前的推销员已磨破了嘴皮劝他买，自己再用这个方式，客户必然反感，效果也不会太理想。与其这样，不如劝顾客先别买车。你想啊，顾客听到你这话肯定认为你很有诚意，此时，他的抵触心理就会消失，取而代之的是想尽快将买车的事定下来。

你知道意大利一个名叫菲尔·劳伦斯的商人吗？他是一家儿童商店的老板。一般的商店认为顾客多才显得有人气，可是，菲尔却反其道而行之，他规定，进店的顾客必须是7岁左右的儿童，大人进店必须有7岁的孩子陪伴，否则谢绝入内。很多人都笑他傻，认为他此举是自砸招牌。但奇怪的是，这一招不但没有减少生意，反而吸引了不少人。一些7岁儿童或是带着7岁儿童的家长颇为得意地走进店里"行使特权"。也有一些不到7岁，或是不止7岁的孩子以及他们的父母，为了进店看个究竟，就谎称孩子7岁。这样菲尔的生意反倒越来越红火了。

之后，菲尔又在全国各地增设了许多限制不同顾客的"限客进店"商店，如新婚夫妇商店，非新婚夫妇不准进店；老年人商店，中青年顾客不准进店；孕妇商店，非孕妇不准进店；"左撇子"商店，用右手者不准进店等，无一不收到良好的效果。

总之，利用逆反心理促销是一种心理战术，其在促销中的应用是极具冲击力的。当人们对常规性促销方式习以为常、反应迟钝时，合理应用逆反促销战术往往会产生"于无声处听惊雷"的奇异效果。

智慧点读

并非每个顾客都有很强的逆反心理,一般而言,那些性格倔强又觉得自己很有能力的人,通常具有较强的逆反心理,在和这类顾客交流的时候,利用他们的这种心理能尽快达成交易。

会用极具诱惑又略有"威胁"的宣传手段

罗小军是保健器材公司的销售人员,在一位老客户的介绍下,他认识了一家房地产公司的李总。罗小军在见到李总之前就得知,只要是对方认准了的产品,就不会在价格上斤斤计较。

星期天,罗小军与李总见面了,经过简单的寒暄后,罗小军向李总介绍了这种保健器材的功能和特点。李总说:"目前,我还没有这方面的需要,如果有需要的话,我一定会与你联系的。"

罗小军明白,李总是在下逐客令。可是,罗小军并没有在意,他接着说:"听说,您的父亲马上就要70大寿了,人生七十古来稀呀!"李总听了,慨叹万分,他说:"唉,虽然我父亲一直保养得很好,可是毕竟年龄大了,身体真是一天不如一天了,最近就时常出现一些小毛病。"罗小军说:"其实,老年人的身体一般都不太好,光靠吃药是没有用的,关键还是要做些有益的活动。"李总仍然一脸的严肃,他说:"以前,我父母也会外出参加一些活动,可是最近他们总说很累,真是愁坏我了。"

罗小军接着说:"我们公司的产品正好可以帮您解决这个难题……"接着,罗小军便给李总介绍了使用这种保健器材的一系列好处。这时候,罗小军发现李总似乎有了一点购买产品的意思,便趁热打铁地说:"如果您不能在父亲70大寿的时候送给他一件有意义的礼物,他一定会很失望的。这种保健器材不仅可以让他老人家感受到您的孝心,而且还可以让老人有个好身体,何乐而不为呢?我们销售部只剩下两台了,如果您现在不买的话,等到您想买的时候恐怕就没有了。那样的话,您一定会感到遗憾的。"

李总听了,觉得有道理,便说:"好吧,那你就先把它送到我的办公室里去吧。"李总似乎已经有点迫不及待了。

通过这个例子你肯定会发现,很多时候,当正常的产品价值说明起不到决定性作用的时候,反方向的说明往往更能触动客户的内心。在向对方推销自己产品的过程中,除了向对方介绍产品的优势之外,还要考虑到一定的健康需要。当发现客户对产品比较关注时,就可以巧妙地提醒客户,如果不及时购买此类产品,他们就会失去重要的健康保障。采用"威胁"的方式是销售成功的又一途径,这种方式就是告诉客户,如果他们不购买你的产品,就会遇到麻烦或问题。

销售人员与客户进行沟通谈判的时候,客户可能会提出更多的异议。如何说服他们下定决心呢?面对这种情况,销售人员必须改变策略,向客户传递"假如此时不购买我们的产品,您将会受到损失"的暗示。事实证明,这是一种打动客户的有效方式。

第六篇 买和卖,就是一场心理博弈战

在各大商场搞活动时,经常会听到这样的促销宣传语——"各位顾客,我们现在让利促销,时间有限,请各位抓紧时间抢购!""某某牌电压力锅,不粘内胆,电脑控制,今天是促销活动最后一天!""绣花鞋、绣花凉鞋、绣花单鞋,限时打折促销。"就连网店也经常标出这样的宣传语——"限时包邮,限时促销!""活动时间为 11:00～13:00,16:00～21:00。原价 599 元,促销价 499 元,并包邮。其他时间恢复 599 元,不包邮。""加 20 元限时送原价 68 元 2GU 盘一个。"

如果你是顾客,看到这些极具诱惑又略有"威胁"的宣传语,而你恰好需要那个产品时,相信你多半会购买的。即使你根本没打算购买,也可能将其抱回家。为啥?因为划算呀!这些事例也说明,正面介绍商品往往不会引起顾客的兴趣,向客户传递"假如此时不购买我们的产品,您将会受到损失"的暗示,反而更能触动和吸引顾客,促使他们在最短时间内做购买的决定。

江苏有家电器商场,在一个周末以"兑现店长承诺,真情回馈消费者"为由头,掀起了抢购热潮。他们先利用报纸、电视、墙体广告等形式向外广泛传播活动的日期和内容,并提醒消费者"机不可失,时不再来"。当天上午一大早,店门外就站满了排队等候的人群。一开店门,人们如潮水般涌进来,让销售人员应接不暇。这时候,他们又稍微调整了销售方法。他们让促销员利用广播告诉这些顾客们,现在十人一组,进室内预定,每人仅限五分钟的考虑时间。

别以为顾客会因此而转身离开,事实上,人们抢购的兴致更

-205-

高了。他们都觉得自己占了很大的便宜。在一小时内，这家商场竟然卖出了120台笔记本电脑。

值得注意的是，在使用"威胁"策略的时候，一定要先弄清楚客户最关注的产品优势是什么，不要纠缠于细枝末节，而且必须进行客观实际的暗示，不可以欺骗顾客。另外，一定要结合正面的说服来使用"威胁"宣传，否则容易使顾客产生不安，引起不愉快的局面。

智慧点读

当正面的介绍没有引起顾客兴趣的时候，向客户传递"假如此时不购买我们的产品，您将会受到损失"的暗示，反而更能触动和吸引顾客，促使他们在最短时间内做出购买的决定。

不与客户争辩，引导客户说"是"

在销售活动中，最忌讳的就是客户说"不"字，一个"不"字说出来，就意味着接下来的销售活动将无法继续。奥佛斯屈教授在他的《影响人类的行为》一书中说："当一个人说'不'时，他所有的人格尊严就已经行动起来，要求把'不'坚持到底。就算他意识到这个'不'说早了，为了维护自尊，他还会坚持说下去。因此，使对方采取肯定的态度，是一件特别重要的事。"有的销售员会与客户争辩,比如,客户说这款商品不好,他就非要举例说商品好得百里挑一;客户说自己暂时用不上,他就游说顾客说肯定能用上。结果呢,顾客连连摆手,表示不认同。

美国社会学家戴尔·卡耐基曾说过:"当你与别人交谈的时候,不要先讨论你不同意的事,要先强调,而且不停地强调你所同意的事。懂得说话技巧的人,会在一开始就得到许多'是'的答复。"人际交往是这样,销售亦如此。在和客户交谈时,应该让对方尽量说"是",这样的话,谈话就很容易顺利进行了。

美国电机推销员哈里森讲了一件他亲身经历的事:

一天,他去拜访一位客户。不料,刚与之见面,对方就生气地说:"哈里森,你又来推销你那些破烂了!你别妄想了,我们再也不会购买你的东西了!"这到底是怎么回事?哈里森一时摸不着头脑。他耐心地询问,客户才说自己昨天到车间去看了,并用手摸了一下哈里森推销给他们的电机,不成想,那台电机热得手都不能放上去。客户由此断定电机的质量好不到哪里去。

哈里森此时异常冷静,他明白若是直接与客户辩驳,对方定然一句话都听不进去。于是,他这样问道:"我认为你说的是对的,电机太热了,谁都不愿意再买。你要的电机的热度,不应该超过有关标准,是吗?"

"是的。"哈里森得到了第一个"是"。

"按照国家的技术标准,电机的温度可比室内温度高出42℃,是吗?"

"是的。但是你们的电机温度比这高出许多,喏,昨天差点把我的手都烫伤了！"哈里森又得到了第二个"是"。

"那你的厂房有多热呢？"

"大约24℃。"

"车间是24℃，加上应有的42℃的升温，共计66℃左右。请问，如果你把手放进66℃的水里想必一定会感到很烫手、是吗？"

"你说得很对。"这时，客户恍然大悟，不好意思地笑了起来。

哈里森继续说："既然这样，我希望您以后千万不要去摸电机了。关于我们的产品质量，您大可放心，绝对不会存在质量问题。"

客户赞赏地笑起来。他马上把秘书叫来，开了一张价值35000美元的订单。

当勃然大怒的客户指责产品有质量问题时，哈里森并没有急于辩解，而是引导客户说"是"。在一个个提问与回答后，让客户明白了原来这是一场误会。如果他让客户说"不"，那么，这种否定的态度则不利于双方澄清误会。

这个道理很简单，却常被人忽略。很多推销员一开口就愚蠢地提出让顾客无法接受的事物。顾客立刻表明立场。比如，有的推销员一开始就问："您要买这个商品吗？"听到这个问题后，顾客会很尴尬，他想买，但不想马上形成交易。此时推销员应诱导对方说"是"。如果一开始就说出一连串的"是"字来，就会使整个身心趋向肯定的一面，容易造成和谐的谈话气氛，更能让顾客放弃原有的偏见，转而同意推销员的意见。

让顾客多说"是",其实也不难——一个敢于对顾客掏肝掏肺、实事求是、客观公正、耐心讲解产品或服务的业务员,要做成单是不太困难的。假如可能的话,最好让对方连说"不"的机会都没有。

智慧点读

如果一开始就说出一连串的"是"字来,就会使整个身心趋向肯定的一面,容易造成和谐的谈话气氛,更能让顾客放弃原有的偏见,转而同意你的意见。

有点创意,别把自己混在人堆儿里

在现代,广告就像空气一样渗入我们生活的方方面面。俗话说"酒香不怕巷子深。"而今,市场竞争日益激烈,"酒香也怕巷子深"。再好的产品,你不打广告,怎么会有客户?人们怎么知道?有人说,没有广告照样有销量。不可否认,有的产品无须宣传,早已深入消费者心中,需求不减。可是,有的产品质量虽好,却鲜有人问津,而一条脍炙人口的广告语,就能迅速提升产品形象,让人过目不忘,想尝试一番。更重要的是,这些出色的广告语深深地打动了消费者,让这些产品在激烈的市场竞争中占有一席之地!

看看下面这几条广告语,是不是让人赞不绝口呢?

逆转思维

1. 骑乐无穷（某摩托车广告语）。
2. 衣名惊人（某服装广告语）。
3. 无胃不至（某治胃药广告语）。
4. 饮以为荣（某饮品广告语）。
5. 天尝地酒（某酒类广告语）。

除了这些标新立异的创意外，你还可以用逆思维设计广告。有这样一个故事：

伦敦的一条街道上，同时住着三个裁缝，手艺都不错。为了抢生意，他们都想挂出有吸引力的招牌招徕顾客。一个裁缝在他的橱窗里挂出一块招牌，上面写着："英国最好的裁缝。"

另一个看到了，在同一天，也挂出了一块招牌，招牌上用大写字母写着："伦敦最好的裁缝。"

第三个裁缝看了，思考了很久，几天之后也在自己的橱窗里挂出一块醒目的招牌，果然，又来了许多生客。猜猜看，这个裁缝写了什么呢？

答案不是往更大的方面走，而是"本街最好的裁缝"。一个逆向的思维改变了局势，他没有把自己吹嘘到"英国""伦敦"那么大，而是巧妙地运用了"本街"这个词，"本街"不就是这条街中最好的吗？他用了一种更务实的方式来呈现自己的优势，不论别人怎么夸大，他最后都能将自己的位置垫高。

德国大众甲壳虫汽车起初在美国市场上一直受消费者冷落，几乎处于滞销的状态。但经过威廉·伯恩巴克的策划后，该车的销量一跃而起，迅速登上美国进口汽车的第一名宝座，并从此奠定了强有力的市场地位。伯恩巴克先研究了该车的优缺点,他发现,这种车价格便宜,马力小,油耗低。不过,他知道,这些好处或许不能足够吸引消费者,若想在优点上做文章成功率太低。这时候,伯恩巴克是怎么做的呢?

让所有人诧异不已的是,他采用反传统的逆向定位手法,故意强调汽车的缺点,广告标题是:"想一想还是小的好"。左上角是张缩得很小的福斯金龟车的照片,画面下端是标题和内文,右上角和中间是大面积空白。

创意逆思维,就是一改兵法上弱势一方避其锋芒攻击薄弱环节的战略,反而有针对性地攻击对手的强势市场。在上例中,伯恩巴克就是采取此计开拓了市场。一般的广告都是正面宣传产品的优点以及正面形象,而伯恩巴克则用相反的角度宣传了汽车的独特优势。该广告播出之后,颇受美国中产阶级以下消费群体的欢迎,取得了极好的效果。而且,大众甲壳虫汽车在消费者的心里很自然地成为小型汽车的代表,极有利地抢占了这一细分市场,塑造了福斯的品牌个性。

广告大师奥格威曾经说过:"我们的目的是销售,否则便不是在做广告。"一目了然,好的广告语是有销售力的,能够在市场竞争中有效地区隔竞争产品,在同类产品中脱颖而出。与其相似,创维当年也是以一句"不闪的,才是健康的"的广告语,硬是在长虹、康佳、TCL等几个一线品牌夹缝中挤出了市场!逆思维创意广告拥有巨大的传播力,不仅能使商家实现近期的实际销售目标,还可建立长远的品牌形象。在如今广告满天飞的情况下

逆转思维

更是如此。

因此,不管你从事哪一行,销售何种商品,在为产品做广告时,记住一定要有创意,要有自个儿的特色,哪怕土一点儿、小一点儿,也千万别把自己混在"人堆儿"里了。

智慧点读

> 逆思维创意广告拥有巨大的传播力,不仅能使商家实现近期的实际销售目标,还可建立长远的品牌形象。

主动让步也能够给对方造成压力

当你向顾客推销第一个产品失败时,不要气馁,你还可以推荐更多优惠的东西,多次的推荐会让顾客不好意思拒绝,直到他决定购买。

有个小女孩在热闹的街头卖玫瑰花。见一个年轻人走过,她急忙上前拦住他,说:"大哥哥,买一束玫瑰送给女朋友吧,给她一个惊喜!一束才50元,你少抽几包烟就有了。"小伙子不耐烦地摇摇头:"我还没有女朋友呢!"说着就要离开。小女孩又拦住他:"你肯定有自己喜欢的女孩,买一朵送给她吧,一朵才6元!"小伙子笑着说:"可是我不知道那个她在哪儿呀,我还有事,你问问别人吧!"小女孩依然没有放弃,她说:"你要是不想买玫瑰,就买几块巧克力吧,1元一块,很便宜的!"

小伙子没办法了,小女孩一再退让,他也觉得不好意思了,索性买了几块巧克力。买完之后,他才发现,自己根本就不喜欢吃巧克力。

就像上例中的年轻人一样,顾客对推销具有极强的"抵触心理",往往还没有等你开口,就已经急不可耐地表示拒绝。拒绝也没啥可怕的,你还可以向他们推销其他的东西,并不是顾客一说"不",你就没有戏可唱了,这单生意就没法谈下去了。

乔·吉拉德是世界上最伟大的销售员,连续12年荣登世界吉斯尼纪录大全"世界销售第一"的宝座。他之所以取得如此辉煌的业绩,很重要的原因是他很会"说话",让顾客无法拒绝他。就像你真诚、热情地一件一件推销,顾客会感到内心难安一样。向顾客妥协或是主动放弃推销某个商品,并不意味着你处于劣势。这其实是以退为进。你主动退让,对方也就不会那么坚定地拒绝了,慢慢地会认可你的东西,最后会回报你所做出的牺牲。

再说了,你一再退让会给对方造成一定的压力。在现实生活中,不知你是否有过上例年轻人一样的经历:每当别人不厌其烦地向你推销产品时,你最后都不好意思拒绝了。推销员似乎告诉我们:我已经不再坚持我的要求,已经对你做出了让步,难道你就不能做些让步吗?这也是一种心理负担,或称为心理愧疚。因此,我们终会有所让步,不会拒绝到底。同样,你主动退让,他不喜欢这个,再向其推荐那个,也会给他造成心理压力,让他认为耽误了你很多时间,若是不购买一两件商品实在过意不去。

逆转思维

在让步中，尝试摸清对方的需求，然后再往下进行。比如，你向顾客推销一款高档昂贵的洗衣机，遭到拒绝后，你可以这样说："我们还有一款洗衣机在功能上也很先进，但是价格会便宜很多，您是否可以考虑一下？"就是在这样的拒绝、退让之中，客户觉得对方已经做出了让步，自己也不好再拒绝接下来的请求，于是就会同意购买。

寸土不让是不可取的，往往会将自己逼入尴尬境地，而让步是一种智慧，是赢得人心的一个高明策略。因为，人心是很微妙的，有时候，哪怕是你做出一点点的让步，也可能取得很大的收益。

智慧点读

> 主动让步也能够给对方造成压力，既然你已经退而求其次了，那么对方也就不好意思再坚持自己的观点，因而也会做出相应的退让。